PERFECT
PET
OWNER'S
GUIDES

最新の飼育管理と
病気・生態・接し方が
よくわかる

ネズミ

完全飼育　マウス、ラット、スナネズミ

著————大野瑞絵

監修————三輪恭嗣 みわエキゾチック動物病院院長

写真————井川俊彦

SEIBUNDO
SHINKOSHA

PERFECT
PET
OWNER'S
GUIDES

目次

Chapter4 ネズミの住まい 077

Chapter5 ネズミの食事 099

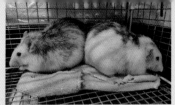

Chapter9　ネズミの健康管理と病気　183

Chapter10　ネズミの文化史　江戸時代のネズミと人　225

マウス
だよ！

Mouse
マウス

ほいっと！

きみはだれ？

JF
です

つぎはボクたち。
スナネズミ～

Mongolian gerbil

スナネズミ

よばれた？

FLOWERS
-&-
GARDEN

うんうん

Rat
ラット

出番だ！！

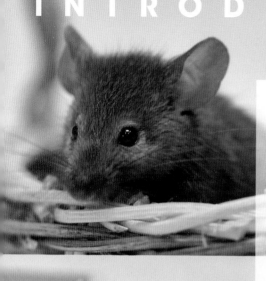

はじめに

　『ザ・ネズミ』（2009年）から12年ぶりに、ネズミたちのための飼育書をお届けします。

　ネズミは害獣である一方で、ネズミがモデルのキャラクターは漫画やアニメにもたくさん登場します。おむすびころりんなどの日本の民話でもおなじみの、とても身近な存在です。実験動物としてのネズミたちの存在も忘れてはいけないでしょう。ペットとしてもネズミは昔から飼われていました。

　ちっちゃくてかわいいファンシーマウス、賢くてよく慣れるファンシーラット、笑っているみたいな表情に癒やされるスナネズミと、どのネズミたちも魅力がいっぱいです。

　そんなネズミたちの最新の飼育・医療情報を、三輪恭嗣先生のご監修のもと、まとめました。また、多くの飼い主の皆さんから寄せられた飼育の工夫もご紹介しています。感謝申し上げます。ネズミたちが心も体も健康で暮らせるように、ぜひ参考になさってください。

　本が形になるまでには多くの制作スタッフが関わっています。平田美咲さん、井川俊彦さん、前迫明子さん、ありがとうございました。

　最後に、この本がたくさんのネズミと飼い主さんたちの幸せをお手伝いできることを願っています。

2021年2月　大野瑞絵

日本と世界の
ネズミたち

げっ歯目とは

世界中に分布するげっ歯目

哺乳類の40%以上がげっ歯目

この本で取り上げるマウス、ラット、スナネズミはいずれも「げっ歯目（齧歯目、ネズミ目）」に分類されます。まず、げっ歯目とはどういった動物たちなのかを見てみましょう。

世界中の生物は、共通する特徴（形態や近年では遺伝子解析なども）によってさまざまなグループに分類されています。

私たち人間もネズミも、脊椎動物のうち哺乳類に分類されるという点では同じ仲間です。哺乳類をもっと細かく分類していくと、人間は霊長目、ネズミはげっ歯目で、異なるグループになります。げっ歯目は、以前はリス亜目、ネズミ亜目、ヤマアラシ亜目の3つに分けられていましたが、現在は、右ページのような5つの亜目に分類されています。

動物の分類は、新たな手法が取り入れられることで細分化されたり統合されるなどして、見直されることもあります。

げっ歯目に属する動物は2,277種が知られています。すべての哺乳類のうち最も種類が多く、約42%を占めています。

げっ歯目の多様な暮らし方

げっ歯目は、南極大陸を除くほぼ全世界の、多様な生息環境に分布しています。その暮らし方は驚くほどバラエティに富んでいます。

プレーリードッグのように地下に広大なトンネルシステムを作るものもいれば、リス（樹上性）やモモンガのようにほぼ樹上で生活するものもいます。デバネズミはずっと地下で生活し、ビーバーは多くの時間を水中で生活します。ヤマネやシマリスなどのように冬眠するものもいます。また、夜行性か昼行性か、単独生活をするか群れを作るか、草食性か雑食性か、晩成性（未熟な子を生む）か早成性（ある程度成長した子を生む）かなど、その生態や生理はとても多様なのです。

【世界中に分布するげっ歯目】

※『動物大百科5』より

【げっ歯目の分類】 ※一部を抜粋

リス形亜目
├ リス科 ──────── リス亜科
│ │ └ モモンガ族
│ │ └ アメリカモモンガ属
│ │ └ アメリカモモンガ
│ └ ジリス亜科
│ └ マーモット族
│ ├ プレーリードッグ属
│ │ └ オグロプレーリードッグ
│ └ シマリス属
│ └ シマリス
└ ヤマネ科 ──────── アフリカヤマネ亜科
└ アフリカヤマネ属
└ アフリカヤマネ

ビーバー形亜目（ビーバーなど）
ネズミ形亜目
├ メクラネズミ科 ── タケネズミ亜科
│ └ コタケネズミ属
│ └ コタケネズミ
├ キヌゲネズミ科 ── ミズハタネズミ亜科
│ │ ├ ハタネズミ属
│ │ │ └ ハタネズミ
│ │ └ キヌゲネズミ亜科
│ │ ├ ゴールデンハムスター属
│ │ │ └ ゴールデンハムスター
│ │ └ ヒメキヌゲネズミ属
│ │ └ ヒメキヌゲネズミ
│ │ （ジャンガリアンハムスター）
├ ネズミ科 ──────── コンゴキノボリマウス亜科
│ │ └ トゲマウス属
│ │ └ カイロトゲマウス
│ ├ アレチネズミ亜科
│ │ ├ アレチネズミ属
│ │ │ └ チーズマンアレチネズミ
│ │ ├ スナネズミ属
│ │ │ └ **スナネズミ**
│ │ └ オプトアレチネズミ属
│ │ └ オプトアレチネズミ
│ └ ネズミ亜科
│ ├ アカネズミ属
│ │ └ ヒメネズミ、アカネズミ
│ ├ カヤネズミ属
│ │ └ カヤネズミ
│ ├ ハツカネズミ属
│ │ ├ コビトハツカネズミ、
│ │ └ **ハツカネズミ（マウス）**
│ ├ ホソオクモネズミ属
│ │ └ ウスイロホソオクモネズミ
│ └ クマネズミ属
│ ├ **ドブネズミ（ラット）**、
│ └ クマネズミ

ウロコオリス形亜目（トビウサギなど）
ヤマアラシ形亜目
├ グンディ科 ──────── アトラスグンディ属
│ └ グンディ（アトラスグンディ）
├ チンチラ科 ──────── チンチラ属
│ └ チンチラ
└ テンジクネズミ科 ── テンジクネズミ亜科
├ テンジクネズミ属
│ └ パンパステンジクネズミ
├ マーラ亜科
│ └ マーラ属
│ └ ヒメマーラ
└ カピバラ亜科
└ カピバラ

※『世界哺乳類標準和名目録』（2018）より

ゴールデン
ハムスター

ジャンガリアン
ハムスター

チンチラ

シマリス

ハダカデバネズミ（撮影協力：埼玉県こども動物自然公園）

ネズミ 013

げっ歯目の体の特徴

伸び続ける歯

げっ歯目（齧歯目）は、ものをかじる歯に大きな特徴があります。切歯（前歯）が生涯にわたって伸び続けるのです。通常、歯の表面はすべて硬いエナメル質でおおわれていますが、げっ歯目では歯の表側（唇側）だけがエナメル質で、歯の裏側（舌側）は柔らかい象牙質です。そのため、ものを食べたり、かじったりするときや、上下の歯をこすり合わせるときなどに柔らかい部分が削られ、先端が鋭い"のみ状"になります。ものをかじってすり減っても、歯はずっと作られ続けているので、短くなってしまうことはありません。

この切歯は、げっ歯目が繁栄した最大の理由ともいわれます。よく発達した咬筋（咀嚼するための筋肉）も、ものをかじることを助けます。げっ歯目は英語で「Rodent」、学名は「Rodentia」といいますが、ラテン語の「rodere（かじる）」が由来です。

なお、チンチラやテンジクネズミ（モルモット）、デグーといった植物食のげっ歯目では、臼歯も伸び続けます。

体のつくりもバラエティに富む

モモンガやムササビは前足と後ろ足の間に飛膜があり、これを広げて木から木へと滑空します。ゴールデンハムスターやシマリスは大きな頬袋をもち、食べ物を巣に運ぶために使っています。ヤマアラシは背中に「針」（被毛と同じケラチンでできています）がありますが、一部のヤマアラシはこれを攻撃に使います。

このように、げっ歯目には、マウスやラットなどのような典型的なネズミらしい姿をしたもののほかにも、さまざまな体の特徴をもつものたちがいます。

最大のネズミと最小のネズミ

体の大きさという点では、げっ歯目は比較的、変異の幅が小さいといわれ、多くは体重100gに満たないほどの小型の動物です。ただし最大級と最小級を比べると、その差は大きく、「世界最大のネズミ」としてよく知られているカピバラ（写真上）は、体長が106〜134cm、体重が64kgにもなります。

一方、世界最小クラスのネズミといわれるのはコビトハツカネズミ（写真下）で、体長は4.5〜8.2cm、体重はわずか6gです。

（撮影協力：埼玉県こども動物自然公園）

ネズミ形亜目以外のげっ歯目

　この本でとりあげるマウス、ラット、スナネズミの属するネズミ形亜目のネズミたちについては16ページ以降でご紹介します。ここでは、ネズミ形亜目以外のげっ歯目の動物たちについて見ておきましょう。

　リス形亜目は樹上生活をするものと地上で暮らすものがいます。日本に生息するものでいうと、エゾリスやニホンリス、エゾモモンガ、ニホンモモンガ、ムササビ、ヤマネは樹上性のリス、エゾシマリスは地上でも樹上でも暮らしますが、冬は地下に巣を作って冬眠します。プレーリードッグのように完全に地上で暮らすリスは日本には生息していません。

　ビーバー形亜目のビーバーは、水場で暮らします。川などに木の枝や泥などを使って「ダム」を作ることで知られています。

　ウロコオリス形亜目にはウロコオリスの仲間とトビウサギがいます。ウロコオリスは尾の付け根に鱗状の部分があります。飛膜をもち、滑空します。トビウサギは、ウサギのようにもカンガルーのようにも見える外見です。

　ヤマアラシ形亜目の動物たちは外見がとても多様です。ネズミの仲間だなと素直に思わせる形態をしているデグーがいると思えば、まるで鹿のようにも見えるマーラもいます。柔らかで密な被毛をもつチンチラもいれば、ほとんど被毛が生えていない（触毛だけある）ハダカデバネズミもいます。体に針をもつヤマアラシや、大きな体のカピバラ、ペットとしておなじみのテンジクネズミ（モルモット）、外来種として日本にも生息しているヌートリアなどもヤマアラシ形亜目の動物たちです。

アメリカモモンガは、北米に生息する樹上性・滑空するリスです。

グンディ（アトラスグンディ）は、北アフリカに生息、切歯にエナメル質がありません。（撮影協力：埼玉県こども動物自然公園）

アルゼンチンに生息するマーラ属は2種あり、小型なものがヒメマーラです。（撮影協力：埼玉県こども動物自然公園）

オグロプレーリードッグは、北米の広大な草原地帯に大きな群れを作って暮らしています。

世界のネズミたち

いわゆる「ネズミ」と呼ばれることが多いのは、キヌゲネズミ科とネズミ科に属するネズミたちです。このふたつの科を合わせると280属1,411種で、げっ歯目全体の62%、哺乳類全体で見ても26%にもなります。ここではそのほかの科のネズミも含め、動物園などで見られる世界のネズミたちを見ていきましょう。

ステップレミング

【英名】Steppe lemming

【学名】*Lagurus lagurus*

【分類】キヌゲネズミ科ミズハタネズミ亜科ステップレミング属

ウクライナ西部からカザフスタン北東に生息。草原や半砂漠地帯に巣穴を掘って暮らし、植物を食べています。4つの亜種があり、体の大きさや被毛に違いがあります。灰色がかった茶色の背中に黒い縞があります。4～9月に繁殖します。ハタネズミ亜科の寿命は約0.5～2年、ステップレミングの最長寿を3.8年とする報告があります。頭胴長8～12cm、体重は季節性があり冬は22g、夏は34.8g。

チーズマンアレチネズミ

【英名】Cheesman's gerbil

【学名】*Gerbillus cheesmani*

【分類】ネズミ科アレチネズミ亜科
　　　アレチネズミ属

アラビア半島東部からイラン南西部に生息。乾燥した岩場や砂地、植物がまばらに生えた地域に暮らします。地下に、単純なものから複雑なものまでさまざまな巣穴を掘ります。主に植物食ですが、昆虫も食べます。被毛は茶色がかったオレンジで、周囲にとけこむ色をしています。腹部は白く、大きな目をもちます。通年繁殖します。寿命は2年。頭胴長5～13cm、体重10～63g、尾は体より長く、7～18cm。

フサオスナネズミ

【英名】Bushy-tailed jird

【学名】*Sekeetamys calurus*

【分類】ネズミ科アレチネズミ亜科
　　　フサオスナネズミ属

イスラエル南東部、エジプト東部、ヨルダン、シナイ、サウジアラビア中央部のリヤド近郊などの乾燥地域に生息。暑さを避けて、

ステップレミング

チーズマンアレチネズミ（撮影協力：埼玉県こども動物自然公園）

岩の間の隙間に穴を掘って巣を作ります。群れで暮らします。種子や昆虫などを食べます。被毛は黄色がかった赤で、尾は長く、尾の先端には房毛があります。野生下では2～3月に繁殖するという報告があります。寿命は野生下では5～6ヶ月、飼育下では4～5年。頭胴長9.8～12.8cm、体重45～90g。

ウスイロホソオクモネズミ

【英名】Northern Luzon Giant Cloud Rat

【学名】*Phloeomys pallidus*

【分類】ネズミ科ネズミ亜科
　　　　ホソオクモネズミ属

　フィリピンのルソン島の固有種。低地や標高2,000mまでの山地の熱帯雨林の樹上で暮らします。名前の「クモ」は雲のことで、標高が高い場所の樹上にいることからきています。植物の芽や果実を食べるといわれています。被毛は長めで白っぽい上毛があり、耳、目と口の周り、肩、尾などに黒～黒褐色のマーキングがあります。頭胴長最大30cm、体重最大2.6kg。まだわかっていないことの多い動物です。

シマクサマウス

【英名】Barbary striped grass mouse

【学名】*Lemniscomys barbarus*

【分類】ネズミ科ネズミ亜科
　　　　クサマウス属

　モロッコ、アルジェリア、チュニジアのアトラス山脈北西部、北部にある細長い海岸地域に生息。岩群、海岸砂丘の植生地域などで暮らします。夜は使われていないシロアリの巣やほかの動物が掘った巣穴などに隠れ、気温が上がると活発になります。

頭からお尻へと続く、暗褐色と黄褐色の縞が特徴的です。頭胴長9～11.8cm、体重23～41g。

コタケネズミ

【英名】lesser bamboo rat

【学名】*Cannomys badius*

【分類】メクラネズミ科タケネズミ亜科
　　　　コタケネズミ属

　ネパール東部からインド北東部、ブータン、バングラデシュ南東部、ミャンマー、中国南部、ベトナム北西部、タイ、カンボジアに生息。茂みや竹林などで暮らし、主に竹の根や新芽を食べています。ずんぐりした体格で、被毛は赤みがかったシナモン色から鉛色までさまざまです。穴掘りをするための長くて丈夫な爪をもちますが、掘るときは切歯も使います。頭胴長14.7～26.5cm、体重210～800g。

ウスイロホソオクモネズミ（撮影協力：埼玉県こども動物自然公園）

コタケネズミ（撮影協力：埼玉県こども動物自然公園）

日本のネズミたち

固有種が多い野生ネズミ

　日本全国にも野生のネズミたちが生息しています。その数は10属22種です（表）。日本は動植物の固有種（ある地域にしか生息していないもの）が多いことでも知られていますが、日本のネズミも固有種の割合が高いという特徴があります。

　一方では、環境開発などによって生息数を減らし、絶滅の危機に瀕しているネズミもいます。「環境省レッドリスト2020」には、セスジネズミ、オキナワトゲネズミ、アマミトゲネズミ、トクノシマトゲネズミ、ケナガネズミ、ムクゲネズミ（リシリムクゲネズミ、ミヤマムクゲネズミ）が掲載されています。

ハタネズミ

【英名】Japanese field vole
【学名】*Microtus montebelli*

　本州、九州、佐渡島、能登島に生息する日本固有種。農耕地や植林地、河川敷、天然林で暮らしています。地中50cmほどの深さにトンネルを掘り、巣を作ります。トンネルはモグラと共有することも。イネ科やキク科の草、作物の根茎などを食べます。背部は灰褐色で、腹部は灰白色。ずんぐりしていて尾は短め、耳は小さいです。ネズミの仲間としては珍しく、臼歯も生涯、伸び続けます。盲腸が発達していることからも、植物食に適応していることがわかります。寿命は野生下で1年あまりと推定。頭胴長9.5〜13.6cm、体重22〜62g。

ヒメネズミ

【英名】Small Japanese field mouse
【学名】*Apodemus argenteus*

　北海道、本州、四国、九州や島嶼部に生息する日本固有種。森林で暮らす代表的なネズミのひとつです。地上と樹上が行動範囲で、細い枝の上でも長い尾で上手にバランスをとります。巣は地下に作るか樹洞を利用しますが、小鳥の巣箱を利用することも。さまざまな昆虫類や、植物の種子、果実類を食べています。ドングリなどを大量に巣穴や林床に貯蔵します。被毛は

ヒメネズミ（写真提供：富山市ファミリーパーク）

アカネズミ（写真提供：富山市ファミリーパーク）

暗褐色で腹部は白です。足の指は開いていて、木の幹や枝をしっかりつかめるようになっています。寿命は野生下で最長3年、飼育下で3〜5年。「ヒメ」の名前は体が小さいことからきています。頭胴長7.2〜10cm、体重11〜24g。

アカネズミ

【英名】Small Japanese field mouse
【学名】*Apodemus argenteus*

　北海道、本州、四国、九州や島嶼部に生息する日本固有種。日本中に広く分布しています。低山から高山帯までの森林、草地や林縁、林内の開けた場所、河川敷などさまざまな場所で暮らしています。木登りは苦手ですが移動能力には長け、数kmにもわたって移動します。地中に巣穴を作ります。堅果や種子、昆虫を食べています。ドングリなどを大量に巣穴や林床に貯蔵します。背部は褐色で腹部は白です。寿命は野生下で最長2年、飼育下で2〜3年。頭胴長8.5〜13.5cm、体重30〜50g。東西で染色体数が異なるという特徴があります。

カヤネズミ

【英名】Harvest mouse
【学名】*Micromys minutus*

　本州（中部以南）、四国、九州と、対馬などの島嶼部に生息。世界的に見ると、ユーラシア大陸に広く分布しています。草地や水田、沼沢地などのイネ科植物が多いところに暮らしています。ススキやチガヤなどの植物を使い、地上からおよそ70〜110cmのところに、握りこぶし大の球形の巣を器用に作ります。巣の高さは季節によって異なります。寒くなると地表の堆積物や地下に穴を掘って暮らします。バッタや甲虫、イネ科植物の種子や漿果などを食べます。背部は明るい褐色で腹部は白です。長い尾を植物の茎などに器用に巻きつけて移動します。寿命は野生下で0.5〜1年、飼育下で最長3年。日本に生息するネズミのなかで最も小型です。頭胴長5〜8cm、体重7〜14g。

【日本に分布するネズミ】

キヌゲネズミ科ミズハタネズミ亜科	
ビロードネズミ属	ヤチネズミ（固）
スミスネズミ属	スミスネズミ（固）
ハタネズミ属	ハタネズミ（固）
ヤチネズミ属	ムクゲネズミ タイリクヤチネズミ ヒメヤチネズミ
マスクラット属	マスクラット（外）
ネズミ科ネズミ亜科	
アカネズミ属	セスジネズミ ヒメネズミ（固） ハントウアカネズミ アカネズミ（固）
ケナガネズミ属	ケナガネズミ（固）
カヤネズミ属	カヤネズミ
ハツカネズミ属	オキナワハツカネズミ（外） ハツカネズミ（外）
クマネズミ属	ポリネシアネズミ（外） ドブネズミ（外） ヨーロッパクマネズミ（外） クマネズミ（外）
トゲネズミ属	アマミトゲネズミ（固） トクノシマトゲネズミ（固） オキナワトゲネズミ（固）

（固）固有種　（外）外来種　　　　　（『日本のネズミ』より）

カヤネズミ（写真提供：富山市ファミリーパーク）

街のネズミたち

「家ネズミ」と呼ばれるネズミたち

　野生下や飼育下など、ネズミはさまざまな場所で暮らしています。ほかにもネズミには「家ネズミ」と呼ばれるカテゴリーがあります。ドブネズミ、クマネズミ、ハツカネズミのことです。彼らは全国に分布しています。

　家ネズミは駆除対象となる害獣で、一般的には嫌われものです。しかし、もとをたどれば太古の昔、人類の移動とともに世界に広がり、人とともに暮らしている、とても身近な存在でもあります。ここでは彼ら家ネズミについて見てみましょう。

長い歴史をもつ外来種

　19ページの表にもあるように、家ネズミは外来種です。国立環境研究所の侵入生

家ネズミ・データ

ドブネズミ：
頭胴長18.6〜26cm、体重は150g以上が多く、500gを越すものも。背部は暗褐色か褐色、腹部は灰白色。

クマネズミ：
頭胴長14.6〜19.7cm、体重200g以下。背部は黒灰色か暗灰褐色、腹部は黄褐色。

ハツカネズミ：
頭胴長5.8〜9.2cm、体重12〜20g。背部は茶褐色、腹部は白。

物データベースや、環境省の生態系被害防止外来種リストにも掲載されています。

　ただし、近年になって外来種になった動物、たとえばげっ歯目でいうと特定外来生物のクリハラリス（タイワンリス）などとは事情が異なります。家ネズミが日本にやってきたのは、はるか昔のことなのです。

　化石の研究からは、ドブネズミの初期の系統は中期更新世（約78万年前〜12万年前）以前から日本列島に生息していた可能性もあるといわれます。

　DNA解析からは、ハツカネズミが縄文時代に中国から、弥生時代に朝鮮半島から入ってきたことがわかっています。ほかにも南アジアの系統や、近年になってヨーロッパの系統のDNAの断片も見られるといいます。

　日本にやってきたこれらのネズミたちが人間の近くに暮らしていたことは、弥生時代の穀物の倉庫にネズミの侵入防止のための「ネズミ返し」があったことや、土器に、制作過程でついたと思われるネズミによる引っかき傷があることなどからも見てとれます。

都会のネズミたち

　現在、家ネズミ、なかでもドブネズミとクマネズミが多く住み着いているのは都市部です。家ネズミには寄食性という習性があり、寒い時期など自然界に食べ物の少ない季節を乗り切るため、人間社会に依存して暮らしています。

　都市部では第二次世界大戦後から1960年代にかけて、下水道の普及などが進むとクマネズミが減り、ドブネズミが多くなっていきました。その後は建物の高層化によってビル街でクマネズミが増え、住宅街にまで

分布が拡大していきます。

　家にすみつくネズミというと天井裏を走り回っているイメージがありますが、正体はクマネズミです。手の平の肉球に発達したヒダがあって滑り止めとなっていて、登り降りを助けています。クマネズミは、警戒心が強いために殺鼠剤や捕鼠器などにかかりにくかったり、従来の殺鼠剤への抵抗性をもつもの（スーパーラットと呼ばれます）がいるなど、駆除が困難だといわれます。東京都福祉保健局の資料では、令和元年のネズミに関する相談件数は6,390件、種別ではドブネズミ421件、クマネズミ1,423件、ハツカネズミ15件で、ネズミの種類がわかっているものだけ見ると76%がクマネズミです。

　なお、ハツカネズミは主に郊外の、低地〜山地の田畑、休耕地や、穀類などの倉庫でよく見られます。水分不足に強く、コンテナなどにまぎれて長距離を移動することもあります。

繁華街では案外身近にいるかもしれないドブネズミ。（撮影：原 啓義）

【2種の違い】

ドブネズミ	
体格	クマネズミより大きい
尾	頭胴長より短い
耳	小さい
糞	長さ1〜1.5cmほど、ずんぐりしている
性質	気性が荒い
暮らし	床下や地下に巣を作る。下水管、排水溝など湿った環境を好む。たくみに泳ぐことができる
食性	胃内容の30〜80%が魚介類や肉

都会に多いが警戒心が強いのであまり見かけないクマネズミ。（撮影：原 啓義）

【2種の違い】

クマネズミ	
体格	ドブネズミより小さい
尾	頭胴長より長い
耳	大きい
糞	長さ1cmほど、細長い
性質	警戒心が強い
暮らし	天井裏や壁の中に巣に作る。乾いた環境を好む。登るのがうまい
食性	胃内容の40〜60%が種子、穀類、果実

街で生きるネズミたちを写す

~街ネズミ写真家・原啓義さん

　一原啓義さんは、主に都心の繁華街でドブネズミなどの写真を撮影している街ネズミ写真家です。街のネズミを撮るようになってからは5年ほど。街のネズミを被写体に選んだきっかけから、お話を伺いました。

ゴミを漁る
ネズミとの出会い

原さん─以前は繁華街の野良猫を撮っていました。その頃、たまに街中でネズミを見かけることがあり、気になっていました。彼らは、どこにいて、どこから出てきたのか、と。

　あるとき1匹のネズミがゴミを漁っているところに出くわしました。若い個体だったと思います。ハトや人が通るなか、タイミングを見計らってゴミ袋に向かい、2本足で立ち上がって袋から飛び出ているものを頬ばっていました。その仕草が案外魅力的で、いつかネズミを撮ってみたいと思いました。周囲をうかがいながら一生懸命に生きていることが伝わってきたんです。

街中の植え込みもドブネズミのフィールドだ。(撮影:原 啓義)

ネズミたちの
自然な表情を撮りたい

原さん─撮影のときには、ネズミたちの自然な表情を撮ることに主眼を置いているので、ただネズミに近付くのではなく「ネズミたちが私の存在を認識しながらも、私がそこにいることを受け入れている」というような雰囲気を大切にしています。ネズミたちをしっかりと見て、そして彼らの意識の隙間にスッと入っていくような感じで。物理的な距離よりも精神的な距離をイメージしていますね。

ファインダー越しに感じる
ネズミの魅力

原さん─ネズミたちの行動や生態には驚かされてばかりです。特に周囲に対する観察力はすごいですね。私が十数メートル離れたところに立っていても、カメラを構えようと動き始めた瞬間に隠れてしまうことがよくあります。逆に私が害をなさないとわかると、意外と近くまで近寄っても平気だったりします。ネズミたちなりにきちんと人間を

観察しているんだと感心させられます。

　ネズミたちの動きから彼らの感情を感じ取れることもあります。深夜、一匹のネズミが街の数ブロック先まで遠出して、しばらくしたのち同じ道を帰ってくるのを見かけたことがありました。ネズミなりの小さな冒険だったのか、走って帰ってくるときに楽しそうに駈けていたのが興味深かったですね。

—写真をご覧になった方々からは「ネズミたちが一生懸命に生きている姿に感動しました」という声が聞かれます。原さんが街ネズミの写真を通して伝えたいこととは…。

街のネズミたちの生き方を見てほしい

原さん—ネズミは身近な動物でありながら、彼らについての情報は決して多くはありません。人々が関心をもっていないということなのだと思います。

　知っているようで知らない街中で生きるネズミは「ちかくてとおいけもの」なんです。そんなネズミたちがどのように過ごしているのか、どんなところで生きているのかというのを見てもらいたい。そう思っています。

【プロフィール】
原 啓義（はらひろよし）さん

野良猫を撮った「ふたりぼっち–兄妹猫の一年–」（2012年）、街ネズミを撮った「ちかくてとおいけもの」（2017年）、「そこに生きる」（2019年）などの写真展を開催。2020年には『街のネズミ（たくさんのふしぎ2020年7月号）』（福音館書店）発刊。

静かな夜の街をネズミが疾走する。（撮影：原 啓義）

足元に広がっているネズミたちの世界。僕たちもここで生きているんだ。（撮影：原 啓義）

人を助けるネズミたち

実験動物

　マウス、ラット、スナネズミは、生命科学や医療分野での研究、新薬開発や安全性試験などのための実験動物としても用いられています。特にマウスとラットは多くの頭数が利用されていますが、日本では、全国で利用されている頭数を把握するのは困難です。参考までに、2019年度の年間販売数は、マウスが2,986,775頭、ラットが644,628頭、スナネズミが1,057頭です（日本実験動物協会「実験動物の年間総販売数調査」より）。ただし各施設内で繁殖が行われているので、実際の利用頭数はもっと多くなっています。2009年の実験動物飼育数調査では、マウスが9,533,781頭、ラットが1,363,612頭、そのほかのげっ歯目（ハムスター、モルモット以外）が81,991頭となっています（日本実験動物学会「実験動物の使用状況に関する調査について」より）。

　実験用のネズミの大きな特徴には「近交系」があります。きょうだい間での交配を繰り返すことで、遺伝子構成がほぼ同じ個体群になります。個体差がなくなるため、実験の精度が高まるということです。

　動物実験については、世界的な基本理念として「3R」が知られています。Replacement（動物を使わない代替法を活用する）、Reduction（使用数を削減する）、Refinement（苦痛を軽減する）のことで、その考え方は動物愛護管理法にも盛り込まれています。

地雷探知ネズミ

　嗅覚を発揮して活躍する動物というと、警察犬や麻薬探知犬、最近ではがん探知犬などが思い浮かぶでしょう。嗅覚ならネズミも負けていません。ミナミアフリカオニネズミ（*cricetomys ansorgei*：アシナガマウス科アフリカオニネズミ亜科アフリカオニネズミ属）は、カンボジア内戦のさいに埋められた多くの地雷を除去する活動に貢献しています。訓練を経て、火薬のにおいを嗅ぎ分け、地面を引っ掻いて知らせるのです。頭胴長25〜30cm、尾長30〜35cm、体重は1〜1.3kgと、ラットよりもかなり大きなネズミではあるものの、地雷が反応するほどの体重ではありません。2020年にはイギリスの獣医師慈善団体がその1匹「マガワ」に金メダルを授与しました。ほかにもアフリカオニネズミは結核患者の探知や、違法取引される野生生物製品の探索でも活躍しています。

APOPO（https://www.apopo.org/en）は、ベルギーにルーツをもつNPO団体。「ヒーローラット」たちによる地雷探知をはじめとした活動を行っています。ホームページでは活動を助けるさまざまな形での寄付も受け付けています。

この本の主役たち

この書籍では、ファンシーマウス、ファンシーラット、スナネズミの
飼育管理方法をご紹介しています。
特記以外のファンシーマウスは「マウス」、ファンシーラットは「ラット」と記載します。

マウス（*Mus musculus*）

マウスの原種はハツカネズミ

　ハツカネズミの起源は数百万年前のインド中東地域にまで遡ることができます。その後、世界中に分布が広がり、移動にともない亜種へと分化していきました。

　およそ100万年前には、北欧や東欧から東アジアにかけてユーラシア大陸に広く生息するムスクルス亜種群、東南アジアに生息するカスタネウス亜種群、西ヨーロッパ中心に生息し、アフリカ、アメリカ、オーストラリアに広がるドメスティカス亜種群、日本に生息するモロシヌス亜種群に分かれています。モロシヌス亜種群は、カスタネウス亜種群とムスクルス亜種群との交雑でできたと考えられています。

　家畜化されたハツカネズミをマウスと呼びます。

　ハツカネズミを愛玩用としたのは中国で始まり、その後日本で確立したとされています。第10章で紹介している江戸時代中期のことです。幕末には日本で飼育されていたマウスがヨーロッパに渡り、ヨーロッパのマウスと交配されるようになります。マウスは、イギリスのビクトリア朝（1837～1901年）には、とても人気が出て、イギリスで最初の愛好者団体ができたのは1895年のことでした。

　実験動物としては17世紀から用いられるようになります。メンデル（1822～1884）も当初は遺伝の研究にマウスを使っていました。実験動物としての利用は20世紀になるとさかんになりました。実験動物のマウスでは、遺伝子の8割以上がドメスティカスですが、モロシヌスを中心としたアジア系の遺伝子も

ハツカネズミの暮らし

食性：雑食性。植物の葉、根や塊茎、木の樹皮、種子、穀類、木の実や果物などの植物のほか、機会があれば昆虫や節足動物なども食べる。

なわばり：2～30m程度。屋外で3.2km以上とする資料も。

生活リズム：基本的には夜行性。安全なら昼間も活動。

巣：地下に複数の巣穴があるトンネルを掘る。寝室や食料貯蔵室などがある。

群れ：優位なオス、数匹のメスと子どもたちを含む群れを作る。優位をめぐる闘争はしばしば起こり、若いオスが戦いを挑む。

繁殖：野生下では、食料が豊富な春～秋に繁殖。群れのメスが出産すると、他のメスも子育てを手伝う。

入っています。日本ではヨーロッパ系のマウスとは別に、日本のハツカネズミから作られた実験動物用マウスの系統もあります。

愛玩用のマウスのことはファンシーマウスといいます。日本で「ファンシー」というと「かわいらしいもの」というイメージがありますが、英語では「高級な」「装飾的な」などの意味をもっています。

体の特徴

✽感覚:聴覚、嗅覚、触覚は非常に優れています(50〜51ページ参照)。

✽目:頭部のやや側面にあり、広い視野をもちます。ポルフィリン(196ページ)を分泌します。

✽耳:耳介は大きく、集音器官や体温調節機能としても働きます。

✽歯:全部で16本(切歯4本、後臼歯12本)。切歯は生涯にわたって伸び続けます。

犬歯はありません。下顎切歯のほうが上顎切歯よりも長く見えるため、伸びすぎているように感じる場合があります。歯のエナメル質が作られるときに鉄や銅を取り込むため、切歯の色は黄色〜オレンジ色です。毛質がサテンの個体では切歯は白いという海外の情報があります。

✽手足:器用な前足をもちます。指の本数は前足が4本、後ろ足が5本です。

✽尾:長い尾にはまばらに細い毛が生えています。移動するときに体を支える助けとなったりバランスをとるほか、ものに尾を巻きつけることができます。汗腺がないので、尾と耳から体熱を放散します。

✽臭腺:尾の付け根、顔、足の裏、腹部などに臭腺があります。

✽生殖器:オスは性成熟すると睾丸が目立ちます。メスは膣口と尿道口が別々に開口しています。

マウス・データ	
平均寿命:1〜3年	呼吸数:91〜216回/分
報告されている最長寿:4年	直腸温:37.1℃
体重・オス:平均20〜40g	"Ferrets, Rabbits and Rodents: Clinical Medicine and Surgery (2nd Edition) 及び (4th Edition)"より
体重・メス:平均22〜63g	
心拍数:427〜697回/分	(注)数値は資料によっても異なります。

＊排泄:便は茶褐色〜黒色で楕円形、尿は黄色っぽいです。一日の排便量は約1〜1.5g、排尿量は1〜2mLです。

＊食糞

　マウスは通常の便を排泄するほかに、便を食べる「食糞」を行います。

　食べ物に含まれる、動物がもつ消化酵素では分解できない繊維質を、消化管内の微生物が分解します。それによってタンパク質やビタミン類豊富となったものが糞として排泄されるので、それを食べることで栄養を摂取します。

　食糞は成体よりも成長期に回数が多く、マウスでは1日平均オスで1回、メスで3.3回とするデータがあります。適切なペレットを与えている場合だと、ビタミンB群や葉酸などの栄養補給に役立ちます。

マウスのカラーバリエーション

カラーバリエーションについて

　マウスには多くのカラーバリエーションがあります。バリエーションを示すカテゴリーには、毛色、毛の長さや毛質、柄、目の色などがあり、その組み合わせで個体のバリエーション名を示します。ひとつの個体に毛色の名前がいくつも付くことはありませんが、ブラックタン、チョコレートダッチ、ブルーサテンロングなど、毛色とそのほかの特徴の組み合わせは非常に多く存在します。

　なお、毛色の名称に世界共通の基準があるわけではなく、国や個人によって呼び方が異なる場合もあります。

　ラット、スナネズミについても同様です。

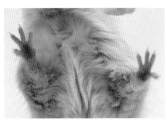

マウスの前足。指は4本。

マウスの後ろ足。指は5本。

ブラックタンのマウス。ブラックの毛色にタンパターンの特徴を備えている。

毛　色

【セルフ】全身の被毛が単色のタイプ。

ブラック：深みがあり、光沢のある黒色。目は黒。

ブルー：灰色がかった柔らかい青色。目は黒。

シャンパン：あたたかみのあるベージュで、シャンパンのように被毛全体がピンクがかっている。目はピンク。

チョコレート：豊かで深みのあるチョコレートブラウン。目は黒。

クリーム：淡黄色で、濃厚なバニラアイスクリームのような色合い。目は黒かピンク。

ダヴ：「ダヴ」は鳩のこと。柔らかく紫がかった灰色(ダヴグレー)。目はピンク。

ライラック：青味がかった茶色。やや濃いダヴグレー。目は黒。

レッド：燃えるような赤橙色。輝きがあり、すすけた色でないこと。目は黒。

アルビノ(ピンクアイドホワイト)：まじりけのない白い被毛。目はピンク。ブラックアイドホワイトは白い被毛で目が黒。

イエロー：あざやかな赤から明るいブロンド、暗いセーブルまでさまざまな色合いがある。目はピンクか黒。

シルバー：古い銀貨のような非常に淡いグレー。目はピンク。黒もある。

【アグーチ】1本の被毛の根元から先端までに帯状に複数の色が見られるタイプ。

アグーチ：野生色。ノーマルカラー。濃いゴールデンブラウン。被毛は根元が黒、中間部がチョコレート。先端が黄味がかる場

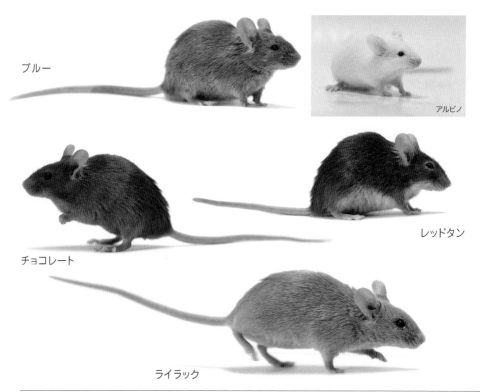

ブルー

アルビノ

チョコレート

レッドタン

ライラック

合も。目は黒。

セーブル：背部は鼻先から尾にかけて濃い茶色。背部から濃い黄褐色の腹部へ色は徐々に変化する、目は黒。

アルジェンテ：淡いイエローとシルバーが繊細に混ざった色合いをしている。被毛は根元が濃いライラックでトップコートが黄色。目はピンク。

チンチラ：げっ歯目のチンチラに似た毛色。背部はパールグレー。被毛は根元がブルー、中央がグレーで、先端が黒。腹部は白で目は黒。

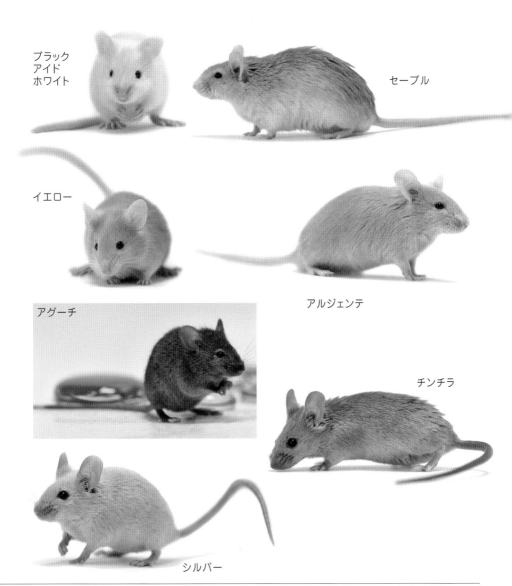

ブラックアイドホワイト

セーブル

イエロー

アルジェンテ

アグーチ

チンチラ

シルバー

【その他】

タン：背部と腹部の色が明確な境界があって異なるタイプ。腹部は濃い黄褐色。ブラックタン、レッドタンなど多くのカラーでタンパターンがある。ブルータンでは腹部は淡黄色になる。腹部が白色になるものはフォックスという。

サイアミーズ：鼻の周り、耳、手足、尾、尾の付け根に濃いチョコレート色がつく（ポイントという）。幼いうちは不明瞭。シールポイントサイアミーズでは、体色は薄いベージュ、ブルーポイントサイアミーズでは、体色はブルー～シルバーブルー。

ヒマラヤン：体は白で、サイアミーズのように鼻の周り、耳、手足、尾、尾の付け根に明るい褐色の色がつく。幼いうちはアルビノのように見える。

═══ 毛 質 ═══

ノーマル：一般的な毛質のこと。短毛。

サテン：メタリックな光沢があり、細く密度の濃い被毛は、なめらかで柔らかい。

ロングサテン：サテンの長毛タイプ。被毛はできるだけ長いほうがよく、独特の光沢をもつ必要があるとされる。

フリジー：全身の被毛が波打つようにカールしている。若いときのほうが顕著。ヒゲも巻毛になる。巻き毛の遺伝子にはいくつかのタイプがある。日本ではテディと呼ばれることもある。

ヘアレス：被毛がほとんどないか、まったくない。ひげは短いか、ない場合もある。皮膚には色やマーキングがある場合もある。

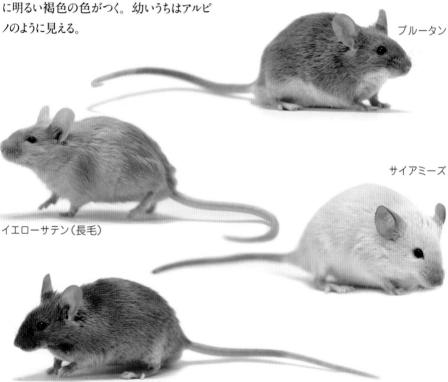

ブルータン

サイアミーズ

イエローサテン（長毛）

ブルーサテン

柄

ダッチ：ウサギのダッチ柄のような模様。顔の左右それぞれを覆うマーキングと、臀部のマーキングがある。ブラック、チョコレート、ブルーなど多くの毛色で見られる。

ブロークン：全身に斑模様が入るもの。理想的には鼻の片側には斑があるのが望ましいとされる。

ランプホワイト：後ろ足と尾を含む、マウスの後ろ3分の1が白い模様。他の部分に白いマーキングがないのがよいとされる。

バンデッド：胴の周囲を白い部分がとりまく。バンド部分が広いのをバンデッド、狭いのをベルテッドという。

ヘレフォード：牛のヘレフォード種と似た柄。顔面が逆V字形に白く、腹部にも白いマーキングが入り、そのほかは有色。

スプラッシュド：明るい色の被毛の背部に黒い水しぶきがはねたような柄。均等なものがよいとされる。

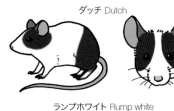

ダッチ Dutch

ランプホワイト Rump white

バンデッド Banded

ヘレフォード Hereford

アルビノフリジー

フリジーのベビー

ヘアレス

スプラッシュド

ジャパニーズファンシーマウス
（パンダマウス）

日本で生まれた豆ぶちネズミ

　ジャパニーズファンシーマウス(JF)は通称「パンダマウス」。マウスの亜種ですがマウスよりも小さく、白い被毛に黒斑模様が特徴的なネズミです。

　パンダマウスは日本で品種改良されたネズミです。愛玩用として飼われていた「豆ぶち」というネズミがその祖先と考えられています。江戸時代のネズミ飼育書『養鼠玉のかけはし』に「一寸ほど（約3cm）」の「豆鼠まだら」として紹介されています。同じく『珍翫鼠育草』には「豆ぶち」が登場します。（第10章参照）

　このネズミは戦前には日本では途絶えてしまいましたが、幕末にヨーロッパに持ち出された血統が維持されていました。1987年にデンマークのコペンハーゲンで「Japanese mouse」として売られていたのです。日本に送られてきたそのネズミは、国立遺伝学研究所で実験動物として開発されます。

　遺伝子の解析により、かつて日本にいた愛玩用の「豆ぶち」がヨーロッパで飼われ続けていたのだと考えられています。1900年、メンデルの法則を検証するために行われた研究ではこのネズミも使われていました。ま

た、ヨーロッパ産のマウスと交配された系統がアメリカに渡り、実験動物のマウスの基準系統になったのだろうともいわれています。

　「豆ぶち」は、実験動物としては「JF1/Ms(JF1)」系統という名称です。ペットとしてのパンダマウスを指す場合にJFやJFMとすることもあります。

「マウスのパンダ柄」はパンダマウス?

　「パンダマウス」という呼び方は正式名称ではありませんが、一般にはJFのことを指しています。

　動物の色柄の名称に「ダッチ」というものがあり、ダッチ柄のウサギはパンダウサギと呼ばれます。マウスのダッチも「パンダマウス」と呼ばれることがありますが、JFとは亜種レベルで異なりますし、体の大きさも違います。マウスのダッチ柄にはいろいろな毛色がありますが、JFは白黒しか存在しません。

　ペットショップで「パンダマウス」を購入するときは、それがマウスなのかJFなのかよく確認をしてください。

『養鼠玉のかけはし』国立国会図書館ウェブサイトから転載

飼育のポイント

パンダマウスもマウスも、種のレベルでは同じ動物なので、飼育方法も同じです。ただし、パンダマウスは体が小さい分、注意する点もあります。

✳︎住まい：水槽タイプでの飼育が適しています。風通しのための金網や穴などがある場合、隙間が大きければそこから脱走したり、かじって脱走することもあります。

✳︎温度：小柄なので、環境温度の影響を受けやすいと考えられます。マウスの適温は24〜25℃なので、それに準じた環境を作りましょう。

✳︎食事：マウスの食事と同様です。実験動物用ペレットなどを中心に植物質や動物質の副食をバランスよく与えます。太りやすいといわれますが、痩せすぎもよくありませんから、体格をよく観察しながら与えましょう。

✳︎飲み水：比較的よく飲むといわれます。先端のボールをつついて水を出す給水ボトルをうまく使えない場合もあるようです。床置きタイプの給水器だと飲みやすいでしょう。床材などが入りやすいので、こまめに交換を。給水ボトルの場合、飲みやすい位置に取り付けます。どうしても床に近い位置になるため、床材が飲み口につきやすいので注意してください。その部分から水が漏れてしまいます。

✳︎コミュニケーション：おだやかでおとなしい性質をしています。マウスよりも慣れやすいようです。負担にならない程度に、コミュニケーションをとるといいでしょう。

多頭飼育も可能ですが、オス同士では激しいケンカになることがあるので、避けたほうがいいでしょう。

なお、パンダマウスとマウスを同居させないでください。体の大きさも異なり、トラブルの原因となります。

✳︎健康管理：遺伝的には巨大結腸が見られることがあり、便秘を起こすことが知られています。

また、診てもらえる動物病院は少ないと思われますので、あらかじめ探しておくようにしましょう。

【体のサイズ】
体長：約5〜7cm
体重：約15g

ラット（*Rattus norvegicus*）

ドブネズミから作られたラット

　ドブネズミの原産地は中央アジアです。クマネズミ属は500〜600万年前に出現し、ドブネズミは約200万年前に分岐しました。

　ヨーロッパには1800年までに、アメリカ大陸には1770年代には分布域を広げました。

　ヨーロッパで人に飼われるようになったのは1800年代のことです。その初期にはイギリスやフランスで「Rat-baiting（ラットバイティング）」という娯楽が流行、約70年間続いていたとされます。これは囲いの中にドブネズミを100匹以上も入れ、そこに犬（多くはテリア種）を放して、どの犬が早くすべてのネズミを殺すかを賭けるというものでした。その頃のロンドンには、そのためにネズミを集めたり、市中のネズミ駆除を行ったりする人々がいて、そのなかには、珍しい色のネズミを飼育繁殖していた人々もいるという記録も残っています。

　また、18世紀初頭に中国から輸入された個体を繁殖する過程で生まれたアルビノのラットが、1828年から実験動物として使われるようになったとされます。その後栄養学や繁殖生理、心理学などの研究に用いられ、現在でもさまざまな研究に用いられています。

　日本には前述のようにはるか昔からドブネズ

ラット・データ

平均寿命：2ヶ月2ヶ月〜3年4ヶ月
報告されている最長寿：4年8ヶ月
体重・オス：267〜500g
体重・メス：225〜325g
心拍数：300〜500回/分
呼吸数：71〜146回/分
直腸温：37.7℃
"Ferrets, Rabbits and Rodents:
Clinical Medicine and Surgery
(4th Edition)"より
(注)数値は資料によっても異なります。

ミが生息していました。ネズミの種類は不明ながら、昔話や説話にもしばしば登場し、身近な存在だったことには間違いないでしょう。

18世紀半ばには、第10章で紹介している『養鼠玉のかけはし』『珍翫鼠育草』といったネズミ飼育本が発行されるなど、ネズミはポピュラーなペットとなっていました（これらの書籍に登場するネズミは、以前はマウスと考えられていましたが、近年はラットとされるようになっています）。

実験動物としては、1903年までには使われるようになっていたようです。

体の特徴

❊感覚：聴覚、嗅覚、触覚は非常に優れています（50〜51ページ参照）。

❊目：頭部のやや側面にあり、広い視野をもちます。ものを見るときの特殊な目の動かし方が観察されています（51ページ）。ポルフィリン（196ページ）を分泌します。歯ぎしりをするときに眼球が突出したり戻ったりすることがあります。

ラットの前足。
指は4本。

ラットの後ろ足。
指は5本。

❊耳：耳介はクマネズミと比較すると小さいですが、集音器官や体温調節機能としての働きをもちます。メスは発情しているとき、耳を震わせます。

❊歯：全部で16本（切歯4本、後臼歯12本）。切歯は生涯にわたって伸び続け、1年に10〜12cm伸びるとされます。犬歯はありません。下顎切歯が上顎切歯よりも長く見えるため、伸びすぎているように感じる場合があります。歯のエナメル質が作られるときに鉄や銅を取り込むため、切歯の色は黄色〜オレンジ色です。

❊手足：器用な前足をもちます。指の本数は前足が4本、後ろ足が5本です。

ドブネズミの暮らし

食性：雑食性。植物の葉や種子類のほか、昆虫、鳥の雛、小型のネズミを食べることもある。

なわばり：200m。2000㎡とする資料も。

生活リズム：夜行性。日没直後と日の出直前に最も活発。

巣：地中や建物内の物陰などに巣を作る。地中に作るトンネルは長くて複雑なもの。

群れ：数100匹ものコロニーを作ることもある。ネズミの生息密度が低いときはオスが個々になわばりをもち、密度が高いときは行動圏が重なり、1匹が優位な立場になる。

繁殖：一年中繁殖するが、春と秋が多い。誰が母親かに関わりなく群れの子はメスが世話をする。

＊尾：皮膚はうろこ状で、まばらに毛が生え
　ています。汗腺がないので、尾と耳から
　体熱を放散します。成長期に温度が高
　いと尾が細長く、低温だと太く短く育つと
　いわれます。
＊臭腺：体の側面にあり、ものに体をこすり
　つけてにおいつけをします。
＊生殖器：オスは性成熟すると睾丸が目立
　ちます。メスは膣口と尿道口が別々に開
　口しています。
＊排泄：茶褐色〜黒色で楕円形、尿は
　黄色っぽいです。一日の排便量は約9
　〜15g、排尿量は11〜15mLです。
＊食糞
　　ラットは通常の便を排泄するほかに、
　便を食べる「食糞」を行います。
　　食べ物に含まれる繊維質は、動物が
　もつ消化酵素では分解できませんが、消
　化管内の微生物が繊維質を分解するこ
　とで、繊維質からもタンパク質やビタミンな
　どの栄養を摂れる形になります。それが便
　として排泄されるので、栄養として摂取で
　きるのです。

　　食糞は成体よりも成長期に回数が多
く、ラットでは一日平均4.5回とするデータ
があります。マウスでは適切なペレットを与
えている場合だと、ビタミンB群や葉酸な
どの栄養補給以外には栄養的な意味は
ないと考えられていますが、ラットでも同様
と推測されています。

ラットのカラーバリエーション

毛色

【セルフ】全身の被毛が単色のタイプ。

ベージュ：あたたかみのある灰色がかった
黄褐色。目はダークルビー。

ブラック：深みのある黒。目は黒。

チョコレート：濃厚なチョコレート色。目は
黒。

ミンク：グレーと茶の中間。青味がかった
光沢をもつ。

ブルー：灰色がかったブルー。目はダーク
ルビーか黒。

アルビノ（ピンクアイドホワイト）：まじりけの

ベージュダンボ

ブラックブレイズ

ない白い被毛。目はピンク。ブラックアイドホワイトは白い被毛で目が黒。

【アグーチ】1本の被毛の根元から先端までに帯状に複数の色が見られるタイプ。アグーチ:野生色を意味する。濃い栗色。被毛の根元は濃いグレーで黒いガードヘアがある。腹部はシルバーグレー。目は黒。

シナモン:色はアグーチに似ているが、赤みを帯びた明るい茶色。被毛のベースは濃いグレー。腹部もアグーチに似ているがより明るい。目はルビー色か黒。

シルバーフォーン:あざやかなオレンジ色のフォーンで、シルバーのガードヘアがある。腹部は白くなる。古くはアルジェンテとして知られる。より明るいものをアンバーという。目は赤。

【その他】

ブラックアイドサイアミーズ:体の色はミディアムベージュで、鼻、耳、手足と尾の付け根にダークセピアのポイントがある。目は黒。サイアミーズのポイントカラーは、環境温度によって色が変わり、寒いほど被毛が濃い色になる。体の色はアイボリーで、ポイントカラーがミディアムスレートブルーのブルーポイントサイアミーズがある。目は赤カルビー色。

ヒマラヤン:体色は白。鼻周囲、耳、四肢、尾のポイントカラーは濃いセピア色。目は赤。

===== 毛 質 =====

ブリッスル:硬い被毛。幼いうちは軽くウェーブしているが大人になるとごわごわになる。ヒゲの先がカールしている。

ヘアレス:被毛がほとんどないか、まったくない。ひげは短いか、ない場合もある。ある場合はカールしている。皮膚には色やマーキングがある場合もある。

チョコレート

ヒマラヤン

ヘアレス

ブラックブリッスル

柄

バークシャー：腹部と手足、尾は白い。背部の有色部分と白い腹部ははっきり分かれている。額に白い斑点があるものがよいとされる。

ブレイズ：ヒゲの付け根を含む鼻の周囲から、耳の間にかけて、白いくさび状の部分がある。

フーデッド：体は白く、有色のフード部分が頭部、首、肩をおおい、背中を尾にかけて途切れることなく伸びている。古くはJapanese hooded（頭巾斑）と呼ばれた。

キャップト：体は白く、頭部のみ有色。顎は白い。

ローン（ハスキー）：スタンダードとしてはローンという（馬の毛色の粕毛のこと）。頭部は幅の広い逆V字のはちわれ。有色部は目の位置まで至る。頭部から体に沿って後ろに流れ、側面にも広がるが、腹部は白。生後すぐは柄が見えず、4～6週齢から柄が出る。成体になるにつれて褪色し白っぽくなる。

ローンの褪色の一例
（左.生後36日齢、右.生後1年7ヶ月）

ブラックバークシャー

ブレイズ

ブラックフーデッド

ボディタイプ

テールレス：先天的に尾がまったくないタイプ。臀部が丸みを帯びる。

ダンボ：耳が大きくて丸く、頭部の低い位置に付いている。

オッドアイ：片方の目がピンクで、もう片方の目が濃いルビー色か黒。

バークシャー Berkshire

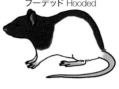
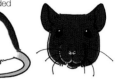

フーデッド Hooded

キャップト Capped

ローン(ハスキー) Roan (Hucky)

オッドアイで耳はダンボのヘアレス

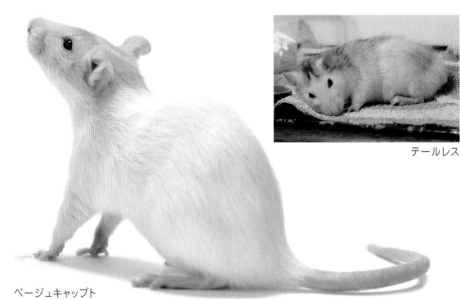

テールレス

ベージュキャップト

スナネズミ（*Meriones unguiculatus*）

ペットとしては
比較的新顔のスナネズミ

　野生のスナネズミは、中国東北部からモンゴル東部にかけての半砂漠地帯に生息しています。年間降水量が少なく、夏は酷暑、冬は厳寒となる地域です。

　スナネズミがヨーロッパで知られるようになってからは、まだ160年ほどしか経っていません。北アジアと中央アジアを旅したフランスの動物学者が、ヨーロッパで知られていなかった動物の標本を本国に送るなかに、スナネズミの標本がありました。1867年のことです。

　スナネズミの存在が世界に広く知られるようになるのには日本人も関わっていました。1935年に、日本人研究者がアムール川流域で20ペアのスナネズミを捕獲し、研究施設で飼育され、実験動物化が進みました。日本で実験動物として開発された数少ない動物のひとつです。

　1954年には11ペアがアメリカの研究施設に送られました。そこで飼育管理をするなかでペットとしての適正があることがわかり、1950年代後半にはアメリカで人気となりました。次いでスナネズミに魅了されたのはイギリスで、1964年に初めて輸入され、子どもたちに人気のペットになったといわれます。実験動物としては1964年に学術誌で紹介されたのを契機に、認知されるようになりました。

　日本でペットとして広く知られるようになった

スナネズミ・データ

平均寿命：3〜4年
報告されている最長寿：5年
体重・オス：80〜130g
体重・メス：70〜100g
心拍数：260〜600回/分
呼吸数：85〜160回/分
直腸温：36〜39℃
"Ferrets, Rabbits and Rodents:
Clinical Medicine and Surgery
(4th Edition)"より
(注)数値は資料によっても異なります。

のは、1987年から連載が開始されている漫画『動物のお医者さん』にスナネズミが登場したのがきっかけではないかと考えられます。

なお、ペットショップで「サンドジャービル」「カラージャービル」という商品名で販売されているものも同じ「スナネズミ」という種類です。

体の特徴

✳感覚：聴覚、嗅覚、触覚は非常に優れています（50〜51ページ参照）。

✳目：頭部のやや側面にあり、広い視野をもちます。ポルフィリン（196ページ）を分泌します。

✳耳：集音器官や体温調節機能としての働きをもちます。耳道の入り口周囲は毛に覆われ、穴掘りするときに土が入るのを防いでいます。

スナネズミの前足。
指は5本。

スナネズミの後ろ足。
指は5本。

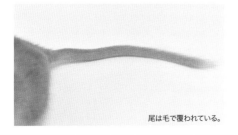

尾は毛で覆われている。

✳歯：全部で16本（切歯4本、後臼歯12本）。切歯は生涯にわたって伸び続けます。犬歯はありません。下顎切歯が上顎切歯よりも長く見えます。歯のエナメル質が作られるときに鉄や銅を取り込むため、切歯の色は黄色〜オレンジ色です。

✳手足：前足には穴掘りに適した鋭い爪があります。指の本数は前足が5本、後ろ足が5本です。

✳尾：全体が毛で覆われて、先端の毛は房状になっています。汗腺がないので、尾と耳から体熱を放散します。立ち上がったときにバランスをとるのに役立ちます。

スナネズミの暮らし

食性：主に種子、穀類、植物の根・葉・茎などを食べる。昆虫などを食べることも。

なわばり：優位なオスの体のサイズにより325〜1,550㎡。

生活リズム：早朝や夕方といった薄明時間帯に活動する傾向をもつ昼行性。飼育下では昼夜ともに活動する。

巣：多くの出入り口をもつトンネルを地下に作る。トンネルには寝室や食料貯蔵庫がある。巣穴は地下45〜60cmの場所にある。

群れ：1匹の優位なオスがいる群れを作る。オスの2〜3倍はメスがいる。群れはめったに20匹以上にならない。

繁殖：一年中繁殖するが、春と秋が多い。誰が母親かに関わりなく群れの子はメスが世話をする。

＊臭腺：腹部にあり、特にオスではメスの倍の大きさがあります。お腹をこすりつけるようにして、においつけをします。

＊生殖器：オスは性成熟すると睾丸が目立ちます。メスは膣口と尿道口が別々に開口しています。

＊排泄：茶褐色～黒色で楕円形、尿は黄色っぽいです。乾燥地域に暮らすスナネズミは、わずかに得られる水分を効率的に利用し、濃縮された少量の尿と乾燥した便を排泄します。一日の排便量は約1.5～2.5gです。

＊食糞：食糞を行うことはありますが、食事内容が不適切なときに見られるとされています。

スナネズミのカラーバリエーション

===== 毛 色 =====

【セルフ】全身の被毛が単色のタイプ。

ブルー：濃い青味がかったグレー。目は黒。比較的新しい毛色。

クリーム：クリームやバターミルクと称される色。目は黒か赤。

ダヴ：柔らかく紫色がかった灰色（ダヴグレー。「ダヴ」は鳩のこと）。目は赤。シルバーともいう。

ライラック：鉛色がかった灰色。目は赤。以下の似た3色では、ライラック、サファイア、ダヴの順で色が薄い。

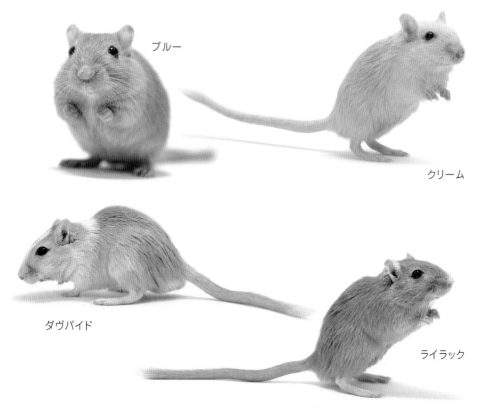

ブルー

クリーム

ダヴパイド

ライラック

ナツメグ：被毛の先端が黒く、根元のほうは黄〜オレンジ色。大人になるにつれて毛先が黒くなるため、幼いうちはダークアイドハニーに似たオレンジ色。目は黒。

【アグーチ】1本の被毛の根元から先端までに帯状に複数の色が見られるタイプ。

アグーチ：野生色。明るい茶色で、被毛の根元と先端が黒、中間は黄褐色。腹部は白。目は黒。別名ゴールデンアグーチ。

アルジェンテクリーム：淡いアプリコット色で銀色がかっている。アルジェンテゴールデンに似ているがより明るい色合い。腹部は白。目は赤。

アルジェンテゴールデン：明るいオレンジ色で、被毛の中間部は青灰色。腹部は白。背部と腹部とのカラーの境界線ははっきりしている。目は赤。シナモンともいう。

ダークアイドハニー：濃いオレンジゴールド。腹部は白。目の周囲を白い被毛が囲む。生まれたばかりの頃は目、耳、四肢の周りの皮膚が黒ずんでいる。目の色は黒。アルジェンテフォックスともいう。

グレーアグーチ：被毛の根元は濃いグレー、中間が白、先端が黒い。腹部は白。目は黒。チンチラともいう。

【カラーポイント】

バーミーズ：濃い黄褐色〜茶色。尾、四肢、耳に黒に近いダークセピアのポイントが入る。生まれてしばらくはポイントが入らない。目は黒。

アグーチスポッテッド

ダークアイドハニー

アルジェンテクリーム

バーミーズ

サイアミーズ：明るい茶色がかったグレー。尾、四肢、耳、鼻に入るポイントは黒に近いダークセピア。生まれてしばらくはポイントが入らない。目は黒。

【その他】

ピンクアイドホワイト：全身が白く、目は赤。

ブラックアイドホワイト：全身が白い。耳と目はわずかにグレーで、目は黒。

シメール：被毛はクリームがかった白。若いときはアプリコット色で、ライトダークアイドハニーに似ているが、成長につれて白くなる。鼻と尾に濃いアプリコット〜オレンジ色のポイントが入る。目は黒（レッドアイドシメールでは赤）。

✳アルビノについて

　ピンクアイドホワイトなど、白い被毛で赤い目をもつスナネズミはいますが、遺伝子型から見ると、完全なアルビノはいないと考えられています。

═══════ 柄 ═══════

スポッテッド：鼻、額、首の後ろ、尾の先端に白い斑が入る。

パイド：首の周囲に、襟のように白い斑が入る。鼻と頭頂部、あるいは鼻から頭頂部にかけて白い斑が入ることもある。

モトルド：パイドの白い斑に加え、腰部にも白い斑が入る。

サイアミーズ

ピンクアイドホワイト

スポッテッド Spotted　　　パイド Pied　　　モトルド Mottled

オブトアレチネズミ

【学名】*Pachyuromys duprasi*

【分類】ネズミ科アレチネズミ亜科オブトアレチネズミ属

オブトアレチネズミは太くふくらんだ独特の尾が特徴の動物です。ファットテールジャービル、マカロニマウスともいいます。

北アフリカのアルジェリアからエジプトにかけてのサハラ砂漠北部に生息します。植物がまばらに生えた岩場や砂地で、地下に巣穴を作って暮らしています。厳しい気候の乾燥地帯で生きていくため、尾には脂肪や水を蓄えることができます。夜行性です。群れで暮らす場合も単独生活する場合もあるようです。

植物や昆虫類を食べる雑食性と考えられています。*Anabasis articulata*というヒユ科アナバシス属の乾生植物（空気が乾燥していたり土壌の水分が少ないところに育つ植物）や、*Artemisia monosperma*というキク科ヨモギ属の植物、ゴミムシダマシ科の甲虫を食べていることが知られています。

オスには腹部に臭腺があります。頭胴長14.8～18.3cm、尾長5.5～6.2cm、体重22～44.6g。

✳飼育のポイント

穴掘りをするので、水槽タイプのケージが適しているでしょう。研究施設での飼育では広葉樹のチップを床材にしています。温度は17.8～22.2℃、湿度は35～50％で飼育されています。被毛が細いため、湿度が高いと被毛がべたつきます。砂浴びをすることで被毛の状態を良好に保ちます。尿は少量です。

生活リズムは、飼育下では昼行性か、昼夜を問わず活動していると観察されています。

飼育情報の少ないネズミを飼育するとき

野生下での暮らしを知ることも大きなヒントのひとつです。動物図鑑などで生態や習性を調べて飼育に反映させます。ただし、野生下と同じ暮らしをさせればよいというわけではありません。冬眠する習性のある動物なら、冬眠させたほうがいいのか、冬眠しないような環境にしたほうがいいのかなどを検討する必要もあるでしょう。

その動物の学名でネット検索をするのも情報を得る方法のひとつです。飼育情報の少ないネズミを飼育するにはさまざまな努力も必要となるでしょう。

繁殖は、飼育下では季節性で、4〜11月に20〜22日間の妊娠期間を経て平均3.1匹の子どもを生みます。

食事は、研究施設では18%のタンパク質を含むげっ歯目用ペレットや、週に一回の新鮮な野菜を与えています。ミールワーム、コオロギ、甲虫、穀物、野菜、スナネズミ用のミックスフード、ひき肉を与えているという情報もあります。尾が細くなっている場合、十分な栄養を摂取できていない場合があります。

従順な性質で、多頭飼育できるといわれますが、ケンカになると尾を攻撃します。

寿命は5〜7年です。

カイロトゲマウス

【学名】*Acomys cahirinus*

【分類】ネズミ科コンゴキノボリマウス亜科トゲマウス属

カイロトゲマウスは北アフリカ全域に生息しています。乾燥した岩の多い地域で、岩の割れ目などを巣にしています。巣穴を掘るとする資料もあります。夜行性です。

背中にはとげのような被毛が生えています。危険が迫ると、被毛を広げて体を大きく見せます。この被毛が生えてくるのは性成熟する生後2〜3ヶ月頃です。

優位な立場のオスと、メスのグループで構成された群れを作り、子育てはメスが協力して行うようです。

雑食性で、種子や果実、昆虫やカタツムリなどを食べています。人間のそばに住んでいる場合には、穀類や作物なども食べます。エジプトではミイラを食べることもあるとか。

主な繁殖シーズンは9〜1月ですが、一年中可能とする情報もあります。妊娠期間が5〜6週間とネズミの仲間としては長く、誕生時には被毛が生えており、目も開いています。

頭胴長7〜17cm、尾長5〜12cm、体重30〜70g。

＊飼育のポイント

高いところも好むので、ケージ内は高低差のあるレイアウトがいいでしょう。多頭飼育が可能ですが、その場合はより広いケージが必要となります。好奇心旺盛なので、環境エンリッチメントへの配慮が必要でしょう。適した温度は21〜26℃、湿度は30〜70%です。

食事中の脂質には注意が必要です。脂肪分の多い食事を与えていると糖尿病になりやすいとされます。研究施設ではタンパク質14%ほどのペレットを与えています。

皮膚が非常に弱く裂けやすく、尾の皮膚も簡単に抜けてしまうので、取り扱いには注意が必要です。

寿命は飼育下では7年です。

ネズミの
行動と心理を知ろう

行動や心理を知るべき理由

ネズミの気持ちを理解する

　家族として迎えたネズミには、快適に暮らしてほしいものです。ところがネズミと人は、同じ言葉でのコミュニケーションができません。「この環境は嫌だ」「こうしてほしい」といったことを、言葉では教えてはくれないのです。

　しかし、ネズミはさまざまな行動や仕草で自分の意思を示しています。そうしたものの意味をできるだけ理解し、ネズミがどういう気持ちでいるのかを察してみましょう。人に慣らすための助けにもなることと思います。

　また、感覚（五感）についても知ることで、彼らが見ている世界がどのようになっているかを想像することができます。

　人はネズミと会話はできませんが、こうして彼らの気持ちを読み解きながら、快適な暮らしを提供できるよう心がけましょう。

環境エンリッチメントを取り入れる

　ネズミの気持ちを理解し、よりよい飼育環境を作っていくために知っておきたいのが「環境エンリッチメント」です。

　エンリッチメントは「豊かにする」という意味で、環境エンリッチメントとは、動物福祉※の立場から、飼育下にある動物が心身ともに、また、社会的にも健康で幸福な暮らしを実現させるための具体的な方法を取り入れていこう、という考え方のことです。近年は、さまざまな動物園で取り入れられています。

　ペットのネズミも、もとをたどれば野生下で暮らしていました。それから長い年月が経ち、数え切れないほど世代交代していても、本能的な行動は身についています。たとえば、食べ物を探して移動する、巣穴を掘る、といったものです。ところが飼

ネズミの行動や仕草をよく観察し、ネズミの気持ちを察してみましょう。

育下では、食べ物はいつでもあり、巣箱も用意してあります。飼育するうえでは当然のことです。しかしこれだと、探す、掘る、といった行動ができません。こういった本来やっていた行動のレパートリーや時間配分を飼育下に増やすことで、ネズミは本能的な満足感を得ることができるのです。簡単に取り入れられる一例としては、必要な主食はきちんと与えたほかに、おやつをケージ内に隠しておいて探させるという方法などがあります。

※動物福祉（アニマルウェルフェア）は、ヨーロッパで家畜の飼育環境を改善していくなかで生まれた概念です。今では世界的に、広く動物を利用する場合に取り入れるべき考え方とされています。ペットのネズミでいえば、健康であること（健康でないなら適切な治療を受けていること）、安全で安心な飼育環境であること、適切な食事を与えていること、痛みや不快、恐怖などが取り除かれていること、本来もっている正常な行動ができることなどが叶えられていることを指すといえるでしょう。

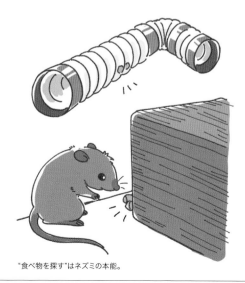

"食べ物を探す"はネズミの本能。

ストレスの少ない暮らしを

　過度なストレスは動物の心と体に悪影響を及ぼします。ストレスには、温度、湿度、騒音、におい、住まいの急変など環境に関連するストレス、病気やケガなどによる不快感、痛みといった体に直接かかるストレス、恐怖や不安、退屈など精神面に及ぶストレスなどさまざまなものがあります。隠れる場所がなかったり、相性のよくない相手との同居もストレスになります。

　野生下でも飼育下でも、ストレスはあります。捕食者から逃げる、風雨にさらされるなど、野生下のほうが命に関わるストレスが多いかもしれません。飼育下では、ある程度は飼い主がネズミにかかるストレスをコントロールすることができるでしょう。

　ストレスは生きているかぎり切り離せないもので、ゼロにすることはできません。程度に気をつければストレスにもよい面があります。前述の「おやつを隠す」のも、ネズミにとっては「いいにおいはするのになかなか見つからない」という意味ではストレスですが、もともともっている探索能力を生かす機会にもなるので、いいストレスということができるでしょう。

　ネズミのもともとの生活を理解し、負担となるストレスがかかっていないか行動を観察しながら、過度なストレスを与えないようにしていきましょう。

ネズミの五感

嗅　覚

ネズミの嗅覚は非常に優れています。食べ物を探す、敵がいないかなど周囲の危険を察知する、ほかの個体の情報を得る（仲間かどうか、繁殖相手か）、子育て行動のきっかけになる、自分の巣に戻る道を確かめるなど、さまざまな場面で嗅覚に頼っています。飼育下では飼い主のにおいも覚えます。

通常のにおいは、においの分子が鼻の奥にある嗅細胞から取り込まれ、脳に伝わることでにおいとして認識されます。そのとき、におい分子を受け止める嗅覚受容体がマウスやラットには多いため、いろいろなにおいを感じ取ることができます。嗅覚受容体遺伝子の数は、人では約400ですが、マウスやラットでは約1,000あります。

ネズミ同士のコミュニケーションには、尿や臭腺のにおいが重要な役割を果たします。

近年のマウスの研究では、ある個体が痛みを感じたことが、においによってほかの個体に伝わることや、ラットが危険をにおいで仲間に伝えていることなどもわかっています。

フェロモン

におい物質のひとつにフェロモンがあります。フェロモンは鼻の中の、普通のにおいを感じる場所よりも手前にある鋤鼻器（ヤコブソン器官）という器官で受け取るにおい物質です。人では鋤鼻器は退化しています。

フェロモンは、糞尿や分泌物などに含まれています。繁殖や子育てに関わる生理機能や行動に影響を与えるほか、攻撃を誘発したり、仲間に危険を知らせるフェロモンもあります。

聴　覚

聴覚もネズミのもつ優れた感覚のひとつです。身を守るために周囲の様子を探ったり、ネズミ同士（仲間や母子間）でのコミュニケーションのためなどに聴覚を用いています。

人に聞こえる音の範囲（可聴域）は一般に20Hzから20kHzですが、ネズミは可聴域が広く、特に、非常に高周波の音（いわゆる「高い音」）も聞くことができます。人の可聴域を超えた超音波は、人には聞こえないため、身の回りにある電化製品から出ている高周波数の音は通常、気になりませんが、ネズミにとっては騒音になっている可能性があります。ネズミを駆除する装置のなかには、高周波の音を利用したものもあるほどです。

可聴域は、マウスでは1kHzから40kHz、ラットでは1kHzから50kHz（80kHzまでとする

味覚

マウスやラットも、人と同じように甘味、塩味、酸味、苦味、うま味を区別して認識しています。ただし、人が甘いと思う甘味料のひとつをマウスやラットは甘いと感じないなど、味の感じ方に違いはあるようです。

資料もある)、スナネズミでは200Hzから30kHz(50kHzまでとする資料もある)です。

このように低周波の音に関しては、マウスやラットは1kHz以上でないと聞くことができませんが、スナネズミではそれより低く、200Hzから聞こえるとされています。

視覚

ネズミがものを見る能力は、ほかの感覚ほどには優れていません。視力は弱く、ぼんやりとしか見えていないと考えられます。また、人と違って目が頭部の左右についているため、ものを立体視するのは得意ではありません。頭を上下や左右に振るようにしながらものを見て、ものとの距離感を測っているともいわれます。

しかし、頭を左右に動かさなくても広い視野でものを見ることが可能です。振り向かなくても後ろのほうまで見ることができます。また、薄暗いところでも、ものを見る能力があります。

ネズミが判別できる色は青と緑。

人がものを見るときには左右の目は一緒に動いて対象を見ますが、近年の研究で、ラットは左右の目を別々に動かすことができると観察されました。顔がどこを向いていたとしても、両目の視野が頭上で重なるようにすることで、天敵である鳥のいる上空を見張る必要があるからではないか、と考えられています。

色覚に関しては、赤は判別できず、青と緑が判別できます。

アルビノのネズミは、目の組織にも色素がなかったり少なかったりします。そのため、目が見えなかったり、視力がきわめて弱いようです。

触覚

ものを触ったときに感じる感覚です。ネズミも人と同じように皮膚の下にある神経で、痛みや熱さ・冷たさ、触られたり圧迫されたりする感覚を感じます。

ひげはネズミの触覚を司る大切な感覚器官で、「触毛」といいます。触毛の代表格は口と鼻の左右に生えている長いひげです。とても高度に発達していて、人の指先よりも敏感ともいわれます。ひげでものにふれることで、それがどんなものか(大きさ、表面の状態など)を判断します。狭い場所を通ったり、障害物をよけるのに役立つほか、音の振動も感じ取ることができます。

ほかにも、長いひげが頬や眉に、短いひげが口の周りに生えています。触毛は四肢にも生えています。

ネズミの行動・仕草・鳴き声

行動・仕草に注目しよう

警戒にまつわる行動・仕草

●警戒

警戒しているときは体を緊張させます。立ち上がって空中のにおいをかぎ、周囲の情報を得ようとします。マウスやラットでは尾を動かします。スナネズミが立ち上がって前足を固く握り締めているときは、緊張し、警戒しているといわれます。

スナネズミで特徴的なのは、警戒しているときやなにかに驚いたとき、興奮しているときに後ろ足でタタン、タタンとリズミカルに床を叩くことです（スタンピング）。それを聞くとほかのスナネズミも同じように警戒信号を発します。

求愛や交尾のあとなど性的に興奮しているときにも見られます。警戒時より求愛時のほうが、リズムが早く立て続けにスタンピングするともいわれます。スタンピングは、メスよりはオス、大人よりは若者のほうがよく行います。

スタンピングは警戒しているマウスでも見られます。

●フリーズする

警戒しているときに動かなくなることがあります。じっとして身動きを止め、周囲の状況を観察し、次にどう行動すればいいかを判断します。野生下であれば、動きを止めていることで周囲に溶け込み、敵から見つかりにくくなることもあるでしょう。

環境にまつわる行動・しぐさ

●穴掘りをする

3種とも、地下にトンネルを掘る習性があるため、飼育下でも穴掘り行動が見られます。

●巣作りをする

地下のトンネル内に作られた巣穴に巣材を運び込んだり、それらの材料で寝床を作る習性があります。そのため、巣箱にティッシュやキッチンペーパーなどを運び込んで上手に巣を作ったり、スナネズミでは牧草を細かく裂いて巣を作ったりします。ラットではカップ型になった巣やフードのついた巣を作るところも観察されています。

巣材を使って居心地のいい巣を作ります。
上はカップ型、下はフードつきの巣。

マウスでは巣作りは主に早朝に行われるという情報があります。

探索にまつわる行動・仕草

●後ろ足で立ち上がる

周囲の状況を把握するために、後ろ足で立ってできるだけ頭を高い位置にして、においをかいだり、音を聞いたりします。

●ひげを使った探索

ひげも重要なセンサーのひとつです。風の流れや音の振動を受け取ったり、周囲にあるものにひげで直接ふれて、その状態を知ろうとします。

食べ物にまつわる行動

●食べ物を運んで貯める

地下トンネルの巣穴に食べ物を貯蔵する習性があります。特にラットでは研究されていて、ひとつの場所に集中して貯める場合とあちこちに貯める場合があること、餌が小さいとその場で食べ、大きいと運ぶことなどが知られています。

マーキング

ネズミはマーキングをよく行います。マーキングとは、においつけ行動のことです。ネズミは主に尿や臭腺からの分泌物を用います。自分のなわばりににおいをつけてなわばりを主張したり、優位な個体が仲間のネズミににおいをつけたりします。ほかの個体がマーキングしたところに重ねてマーキングすることもよくあります。

マウスでは尿でのマーキングが主に行われます。オスに見られることがほとんどで、突起物にまたがるようにしてマーキングするといいます。尿にはその種に特有のにおいや、性別など個体の情報に関するにおい、なわばりを主張するにおいが含まれています。

ラットでは尿のほかに体の側面にある臭腺を使ってもマーキングを行います。

スナネズミも尿でのマーキングを行うほか、腹部の臭腺を使ったマーキングをよく行います。臭腺は特にオスで発達しています。メスは自分の子に対してにおいをつけ、かぎ分けているといわれます。

グルーミング（毛づくろい）

●セルフグルーミング

皮膚と被毛の汚れを落とし、良好な状態を保つため、自分の全身を舐めたり噛んだりして、セルフグルーミングを行います。暑いときには体を舐め、唾液が蒸発するさいの気化熱で体を冷やします。また、グルーミングには気持ちを落ち着ける効果があるといわれています。

毛づくろいにせっせと励みます。

●砂浴び

スナネズミが体をきれいに保つために行うものに砂浴びがあります。砂浴びによって、汚れを落としたり、余分な皮脂を取り除くことができます。

コミュニケーションにまつわる行動

●相互グルーミング

ネズミは、ほかの個体をグルーミングしてあげることもよくあります。頭部など自分で届かない場所をグルーミングしあうことで皮膚や被毛の状態をよくするという意味もあります。

お互いに気持ちよいグルーミング。

ときには取っ組み合って遊びます。

相互グルーミングには単なる毛づくろい以上に重要な意味があり、仲間同士の社会的な絆を維持するのに欠かせないものとされています。

●においをかぎあう

ネズミ同士はお互いの体（口元やお尻など）のにおいをかぎあうことで、相手の情報を得ています。

●ケンカごっこ

ネズミがほかの個体を追いかけたり、取っ組み合いをするのは、必ずしも本気でケンカをしているとは限りません。ネズミでは、遊びのひとつであるケンカごっこがよく見られます。社会性を身につけるために役立っていると考えられます。遊びで行うケンカでは、攻撃し合うのは首筋ですが、本当の闘争になると、腹部やお尻を狙います。

●マウンティング

マウンティングは、一方のネズミの背後にもう一方のネズミが乗りかかるもので、交尾のさいに見られますが、交尾とは関係なく行われることもあります。同性間で優位性を示すために行われます。ケンカのきっかけになることもあります。

そのほかに見られる行動・仕草

●ウインクする

スナネズミでは、親しみのあらわれや快適さ、相手に対して従順であることを示すために片目をつぶってウインクするといわれています。

●「ポップコーン」ジャンプ

　ネズミが遊んでいるときなどに、ピョンピョンとジャンプするような動きを見せることがあります。飛び跳ねる様子から「ポップコーン」とも呼ばれます。楽しいときに見られる動きです。

　生まれて数週間の幼いネズミが一定の期間にだけ行う、その場所で飛び跳ねるジャンプをポップコーンと呼ぶこともあれば、大人のネズミが遊んでいるときや興奮しているときに飛び跳ねたり、跳ねるようにしながら走ることをそう呼ぶこともあるようです。

●歯ぎしりをする

　ネズミの歯ぎしりにはいろいろな意味があります。ネズミの切歯は生涯にわたって伸び続けますが、上下の切歯をこすり合わせる(歯ぎしりする)ことで、すり減らす助けとなります。

　ネズミは気分がよかったり満足しているときにも歯ぎしりをします。歯ぎしりをするときの咬筋の動きにともなって眼球が突出したり戻ったりすることがラットで知られています(マウスでも見られることがあります)。

●尾を振る

　犬が嬉しいときに尾を振るのはよく知られていますが、緊張していたり威嚇するときにも尾を振ります。マウスやラットでは興奮していたり緊張しているとき、攻撃的になっているときに尾を振ります。

　また、不安定な場所にいるときバランスをとるために尾を動かすこともあります。

●好奇心をもっているとき／怖いとき

　なにかに興味をもち、好奇心をもっているときは、重心が前にかかっている状態で、耳は前向きでひげも前に向かって伸ばされます。逆に怖いときは重心は後ろにかかります。

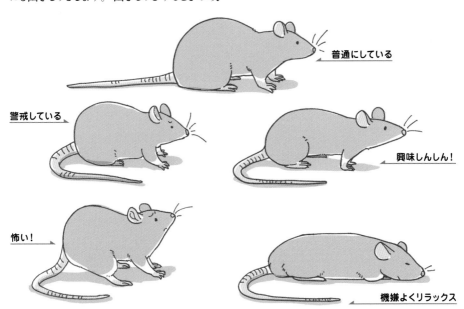

普通にしている

警戒している

興味しんしん！

怖い！

機嫌よくリラックス

ラットのボディランゲージ：興味があると前のめり、怖いと後ろに下がり気味の態勢に。

◉耳の状態

耳の状態にもネズミの気持ちがあらわれるといわれます。

痛みを感じているときの変化に関して、マウスとラットで研究されていて、耳介が左右から折りたたまれて耳の幅が細くなったように見え、耳と耳との間が広くなったように見えるとされています。

最近の研究によれば、機嫌のいいときは耳を外側に向けて寝かせるということです。通常よりも耳の位置が後ろになり、外に向けて少し倒すという状態です。このとき耳の中は血流が増えてピンク色が濃くなります。

ネズミの鳴き声

ネズミはいろいろな鳴き声を発することが知られています。ただし、人には聞こえない超音波の鳴き声が多いようです。

人に聞こえる鳴き声

ネズミの鳴き声というと「チューチュー」だと思われがちですが、人に聞こえる周波数の鳴き声は、「チーチー」「キーキー」「ピィピィ」というような音に聞こえます。音の聞こえ方は人によって異なり、文字で正確に示しにくいですが、以下を参考に飼っているネズミの鳴き声を観察してみてください。

◉相互グルーミングのときやケンカごっこなど、ネズミ同士の友好的な関係のなかで、「ピ、ピ」「チ、チ」あるいは「ピィピィ」「チッチ」などと聞こえる声があります。相手がやっていることがちょっと痛いなど、軽い抗議と考えられます。

◉歯ぎしりの音が鳴き声に聞こえることがあります。

◉闘争や恐怖、不快なときなどに聞こえるのは「キー」と聞こえる甲高い声や、「ピィピィ」という鳴き声を繰り返すもの、「ギャー」「ヂー」など濁った鳴き声です。

◉「カチカチ」と聞こえる音は呼吸音の異常である可能性もあります。

人に聞こえない鳴き声

人には聞こえない高周波の鳴き声はさまざまな場面で使われています。楽しいときは高い周波数で短く、不快なときは低い周波数（人には聞こえないレベル）で長く鳴くようです。

繁殖に関連したものではオスからメスへの求愛、生まれた子ネズミが母親を呼ぶときなどです。マウスでは、オスがメスに出会い、においをかぎあったりマウンティングするときに、さまざまな種類の高周波の声を発することが研究されています。求愛の歌と呼ばれています。歌がないとメスの反応がよくなかったり、メスは自分と異なる系統のオスの歌を好むことなどがわかっています。子ネズミの発する鳴き声は高周波なので捕食動物には聞こえません。

ネズミ同士でのケンカごっこや、人にお腹などをなでてもらって嬉しいときには高周波の声を出しています。

闘争のときには優位な個体が高周波数で短く鳴き、劣位の個体が低い周波数で長く鳴いて服従を示すと攻撃が終わることもわかっています。

ネズミの問題行動

問題行動とは

動物の行動のなかには、問題行動と呼ばれるものもあります。一般的には、飼い主にとって問題となる行動のことをいい、3つのタイプに分けることができます。

❶動物の行動としても異常なもの

❷動物としての正常な行動でも頻度が多すぎるもの

❸動物としての正常な行動で頻度も正常だが、飼い主が困るもの

ネズミを多頭飼育している場合は、ここに

❹動物としての正常な行動でも同居ネズミが困るもの

が加わるでしょう。

飼育下のネズミに見られる問題行動の多くは、飼育環境を整えたり接し方を見直すことで改善できると思われます。

バーバリング

バーバリングはバーバー（理髪店）に由来する言葉です。複数で同居するネズミで見られる行動で、優位な個体がほかの個体のひげや被毛をかじり切るものです。特にマウスで知られています。ひげをかじられる、鼻まわりや顔の被毛をかじられる、頭部や体に脱毛部ができる、全身のあちこちに脱毛部ができるといった段階で進行します。ひげは重要な感覚器官なので、噛み切られた個体の生活に支障があることもあります。

同居するネズミのうち、被毛やひげがきちんとある個体が行っていると思われます。原因にはさまざまなものがあり、実験動物では行いやすい系統があるとされています。飼育下では、環境エンリッチメントの欠如が大きい要因となるでしょう。退屈させない環境作りを心がけてください。

バーバリング

同じところをグルグル回る

人の手を噛む

問題行動とは、ネズミの行動の異常や人やネズミが困る行動のこと。

なお、過剰なセルフグルーミングによって自分で毛を噛み切ってしまうこともあります。

また、脱毛が必ずしもバーバリングやグルーミングによるものではなく、皮膚の病気が原因のこともあるので、ネズミの行動をよく観察し、必要なら動物病院で診察を受けてください。

闘 争

マウスもラットもスナネズミも群れで暮らす動物ですが、闘争が起こる場合もあります。仲間内での優位をめぐってケンカになったり、ほかの群れの個体を追い払うために攻撃するといったことが見られます。遊びでケンカごっこをしているのは問題ありませんが、本気のケンカは殺し合いに発展するおそれがあるので注意が必要です。

この3種はエンリッチメントという意味では多頭飼育したほうがいいのですが、飼育下では必ずしも相性の合う組み合わせにできるとは限りません。性成熟後にいきなり一緒にしたり、過密飼育、十分な餌がないなど不適切な飼育環境も闘争の原因となります。

多頭飼育するときは慎重に観察し、「ケンカごっこ」に見えないときはためらわずに個体を別々にしてください。

ものをかじる

ものをかじるのはげっ歯目の動物にとっては生得的(本能的)な行動です。かじり木などかじっていいものをかじるぶんには問題ありませんが、寝床として入れている布類などを過剰にかじり、誤って飲み込んでしまう、部屋に放しているときに電気コードをかじって感電してしまう、といったことがあると非常に

本能とはいえ、問題のあるかじりもあります。

危険です。また、ケージの金網をかじることもありますが(「常同行動」も参照のこと)、不正咬合を起こす原因になることもあるので問題です。

ものをかじるのをやめさせることはできませんので、かじっていいものを用意したり、かじって困るものは防御するなどの対策が必要です。

飼い主を噛む

ネズミに強く噛まれると、凶暴だと感じて怖くなってしまうこともありますが、怖さを感じているのはネズミのほうだということが多いものです。この3種は決して攻撃的な動物ではないのですが、飼育を始めたばかりでまだ環境にも人にも慣れていないときは、とても不安を感じています。急に人の手が近づいてきたときなどに、本当なら逃げ出したいけれども逃げ場がない、というときに必死になって噛みついてくるのです。「窮鼠猫を噛む」ということわざがありますが、動物行動学では「闘

争・逃走反応」という、動物にとっては当然の行動なのです。

慣れ方には個体差もあるので、時間をかけて慣らしていきましょう。こちらが怖いと思って手を出すと、ネズミのほうも不安になって噛むこともあるので気をつけてください。

慣れているネズミが噛んでくるときは、環境変化などでなにかを不安に感じている、体に痛みがあるためにかまわれたくない、妊娠していたり子育て中の母親が子どもを守ろうとしている、といったことが考えられます。

なお、痛くない程度に「甘噛み」してくるのは好奇心や注意を引くためなどが考えられます。

常同行動

意味のない同じ行動を何度も繰り返すことを「常同行動」といいます。ケージ内の同じ場所を往復し続けたり、同じコースを走り続ける、バク転を繰り返すといったことが見られます。強いストレスがある場合や、脳機能の異常などが原因と考えられています。ストレスによるものなら、エンリッチメントに配慮した飼育環境を整えることで改善することもあります。

金網をかじるのは、金網越しにおやつを与えたことがきっかけで起こることもありますが、常同行動としても起こるものです。

ネズミの感情

飼い主は「ネズミは感情が豊か」と日々、感じていることと思いますが、実際にさまざまな感情をもつことが最近の研究でわかってきています。

ラットでの研究では、人にくすぐられるとラット同士が遊んでいるときに観察されるような50kHzという高周波の音声を発するのだとか。ラットの「笑い声」と呼ばれることもあります。この研究では、人の手を遊び相手と認識して、高周波の音声を発しながら人の手を追いかけてくるそうです。

また、ラットやマウスでは、ほかのネズミが苦痛を感じている写真や悲鳴を避けるなどほかの個体の不快な反応を避けること、ほかの個体が痛がっていることを視覚で理解したうえに、自分も痛みを感じやすくなること、自分にメリットのある行動でも、それによってほかの個体が苦痛を感じるならあまりやらなくなることなど、高い共感性をもつことなどが多くの研究で知られています。

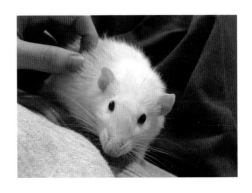

名前にネズミとつくけれど……

ネズミ年のハリネズミ

　ペットとして近年大人気のハリネズミ。2020年（ネズミ年）にはハリネズミを絵柄にした年賀状も数多く販売されていました。ところがハリネズミは、げっ歯目のネズミではありません。分類でいうと「ハリネズミ形目」。以前は食虫目に分類されており、「モグラの仲間」として知られていました。

　ほかにも「ネズミ」と名前がつく動物たちがいます。

　日本では北海道に生息し、環境省のレッドリストでは絶滅危惧II類に指定されているトウキョウトガリネズミ、日本固有種のジネズミとカワネズミ、奄美や沖縄に生息するジャコウネズミ。共通して鼻先が尖った顔つきをしています。これらは皆、「トガリネズミ形目」に分類されます。モグラもこのグループに属しています。なかでもトウキョウトガリネズミはユニークで、体長は2cmほどしかなく、世界最小の哺乳類のひとつといわれています。北海道に生息するのに東京という名前がついているのは、標本のラベルに「Yezo（蝦夷。北海道のこと）」と間違えて「Yedo（江戸。東京のこと）」と書かれていたためで、東京には生息していません。外見がなんとなくネズミに似ていることが由来でしょう。

　魚にもネズミフグやネズミザメなど、ネズミと名がつくものがいます。体色が灰色で目がクリッとしているという共通点があるようです。

　植物ではネズミモチという樹木の名前の由来がユニークです。かつては鳥を捕まえるのに使われていたトリモチの原料になるモチノキの仲間で、果実の形がネズミの糞に似ていることからネズミモチというのだとか。

　人名（妖怪名？）だとねずみ男がいますし、関節の中に見つかる軟骨や骨のかけらのことをネズミ（関節ネズミ）ともいうなど、さまざまなジャンルに「ネズミ」は登場するようです。

名前の由来もユニークなトウキョウトガリネズミ。
（写真提供：札幌市円山動物園）

ネズミの仲間と間違えられやすいハリネズミ。

ネズミを
迎えるにあたって

ネズミを飼う前の心がまえ

魅力いっぱいのネズミたち

小さくて愛らしいマウス、人とのコミュニケーション能力が高いラット、表情に癒やされるスナネズミと、どのネズミもみな、魅力にあふれています。共通しているのは見た目や仕草のかわいらしさに加え、とても賢くて好奇心旺盛だということ。多頭飼育をすれば、仲間同士のコミュニケーションも楽しむことができます。カラーバリエーションが豊富なのも魅力のひとつでしょう。家族として迎え、一緒に暮らしていると、どんどんいとしさがつのっていく、そんな動物たちです。

責任のある飼い主になろう

一般的には「飼いやすい」とされるこれらのネズミたちですが、この本を読んでいただければそうではないことがわかるでしょう。ただ

「生かしておく」のと「できるかぎり適切な飼育管理を行い、その個体がもって生まれた寿命をまっとうさせる」のとはまったく違うことです。小さなネズミが家族に1匹加わるだけでも飼い主の生活には変化が生じます。癒やされるといった楽しい変化だけではありません。自分が忙しいときでも、世話をし、コミュニケーションをとる時間が必要です。日々の消耗品費は通常、それほど高額ではありませんが、病気になれば治療費が高額になる場合もよくあります。

どんなに体が小さくても命ある存在です。飼うと決めたらその命に対してしっかりと責任をもたなくてはなりません。

一般的なペットではないという覚悟

犬猫以外の小動物を総称して「エキゾチックペット」といいます。そのなかにはウサギのように専門の用品やフード類が充実し

毎日お世話をする覚悟をもって、飼育を始めましょう。

おかえりっ！

ている種もありますが、ネズミに関してはそうではありません。

ネズミ専用の用品類はほぼないに等しく、診察をしてもらえる動物病院も多くはありません。ペットホテルなどのペットサービスを利用するときにも探すのに苦労するかもしれません。一般的なペットではないのだという覚悟は必要でしょう。

生態・生理などを十分に理解して

ネズミの特徴的な生態、習性や生理を理解しましょう。ものを噛むこと、特にラットではコミュニケーションが重要なこと、特にマウスでは尿臭が強いこと、安易に繁殖させると増えることなどをはじめ、飼い始めてから「知らなかった」「こんなはずでは」と困らないようにしてください。

ネズミを迎える前に
家族と話し合っておきましょう。

あらかじめ確かめておくこと

家族など周囲の理解

ネズミは一般には害獣です。どんなにネズミをかわいいと思っていても、どうしても受け入れられない人がいることは理解してください。マウスやラットの、毛のない尾に嫌悪感をもたれることもあります。

しかし、少なくとも同居している家族にはネズミを飼うことを納得してもらってください。「自分が世話をするから関係ない」といっても、旅行などの留守中、自分が病気になったときなどに世話をしてもらうことがあるかもしれないのです。

子どもがいる場合

体の小さな動物だけに、子どもに向いているペットと思われがちです。世話そのものは複雑ではないので子どもでもお手伝いできますが、実際にネズミとコミュニケーションをとるさいには注意が必要です。凶暴な動物ではありませんが、乱暴に扱われれば噛みつきますし、下に落としたりすればネズミがケガをします。保護者の監督下でふれあうようにし、子ども任せにしないで飼うことができるなら、子どものよい友達になってくれることと思います。

アレルギーの確認

ネズミが人のアレルギーの原因(アレルゲン)になることはあります。人のアレルギーは、ペットを手放す理由としてよくあることです。飼い始めてからアレルギーが発症して困らないよう、あらかじめアレルギー検査しておきましょう。マウス、ラットはアレルゲン検査の項目に入っています。

特に、すでにほかのアレルギーがある場合には必須といえます。家族で飼うなら全員の検査をおすすめします。

飼育してもよい住まいか

賃貸住宅の場合は、ネズミを飼うことができるか確認しましょう。「ペット不可」であっても、犬猫のみは不可でそのほかの小動物は可能な場合、すべての動物が不可の場合、「ペット可」でも諸条件がある場合など、物件によってさまざまです。契約内容に反して飼育した場合には退去を求められることもあります。飼育開始前に確認し、契約違反にならないように気をつけてください。

ほかのペットとネズミ

生態系での食物連鎖というつながりのなかでは、犬や猫、フェレット、猛禽類、爬虫類などに捕食される立場の動物です。犬のなかにはネズミ狩りを目的に改良された品種もいますし、猫も古くからネズミ退治に用いられてきました。十分にしつけられた犬や猫のなかにはネズミを襲わないものもいるかもしれませんが、小さくてちょこちょこと動くものに本能的に反応してしまうというリスクは常にあります。また、猛禽類や爬虫類にとっては「餌」という存在です。

逆に、体が大きいラットがジャンガリアンハムスターのような小さな動物に危害を及ぼすおそれもあります。

種の異なる動物は、個別に管理できる状態で飼育し、むやみに接触させないようにしてください。

なお、ラット、マウス、スナネズミを同じケージで飼うことはできません。

短くても一生、ネズミの寿命

寿命についても理解しておきましょう。ネズミの寿命は人の感覚からいうと非常に短く、あっという間に一生を駆け抜けてしまいます。短い間しか一緒にいられないのは寂しいことです。しかしその2〜3年には、しっかりとネズミの一生が凝縮されています。ネズミからしてみれば短いわけではありません。適切な飼育管理とコミュニケーションで、彼らの一生を支えるのが飼い主の役目です。

「もの」と「こと」の準備

　ネズミを迎え、飼い続けるにはさまざまな
「もの」が必要です。ともに暮らす日々のなか
で起こる「こと」への準備もしておきましょう。

もの

初期費用

生体の購入、ケージや飼育用品の購入、食べ物の購入

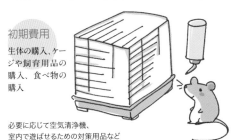

必要に応じて空気清浄機、室内で遊ばせるための対策用品など

消耗品・ランニングコスト

食べ物、床材などの買い足し

破損や故障、汚れが落ちなくなった飼育用品の交換など

季節対策

寒さ暑さへの対策

ペットヒーターなどの温度管理グッズの準備

こと

飼い始めるとき

飼い主の体調確認

ハックション

必要があれば（人の）アレルギー検査を

毎日の世話

忙しくても疲れていても世話は必要

コミュニケーションの時間も十分に

健康管理

診察・治療

PET CLINIC

動物病院での定期的な健康診断

留守番対策

帰省、出張、旅行などのさい

ペットホテルなどに預ける、ペットシッターに来てもらうなど

飼育費用

電気代（場合によってはほぼ通年）

ネズミをどこから迎えるか

ペットショップから

ネズミを迎える場合、ペットショップで購入するのが一般的です。ただしどこのショップでも販売しているわけではありません。犬猫以外の小動物も多く扱っているショップやエキゾチックペット専門店で販売されていることが多いでしょう。

健康なネズミを迎えるには、❶衛生的であること、❷適切な飼育管理が行われていること、❸適切な取り扱いがされていること、などを考慮してショップを選びましょう。

* * *

❶動物がたくさんいる以上は店内が無臭というわけにはいきませんが、ひどいにおいがしていたり、ケージ内に排泄物がたまっているといった劣悪な環境のペットショップは大いに問題です。不衛生であれば感染症が広まっている心配もあります。

❷食べ物や水は適切に与えられているでしょうか。ネズミのように性成熟の早い動物は、オスとメスを分けて管理しているでしょうか。すでにショップで妊娠していた、ということがごくまれにあります。ネズミに詳しいスタッフがいて、飼育に関する疑問や相談に乗ってくれるショップだと安心でしょう。

❸ショップでの扱いが乱暴だと、人に対して恐怖感をもってしまうことがあります。家庭での飼育ほどではなくても、丁寧な扱いをしているショップがいいでしょう。

ペットを購入するさいの法的な約束事については74ページをご覧ください。

ペットショップからの ネズミのお迎えについて

日頃お世話しているスタッフにはその子の性格がわかるので、選ぶさいには参考にしていただけます。いろいろなカラーから選べることも多いですね。飼育用品や飼育方法についてアドバイスしてもらうこともできますし、購入後にちょっとしたことでも質問しやすいので、ある意味では動物病院よりも近い存在といえるかもしれませんね。
（「ペットショップPROP」宮崎有紀さん）

エキゾチックペット専門店のげっ歯目のコーナー。

展示即売会での購入について

爬虫類や両生類の展示即売会でファンシーラットやファンシーマウスが販売されていることもあります。展示即売会での購入トラブルの一例には、購入後に動物の具合が

悪いことに気づいたときなどに、相手方と連絡が取れなくなった、というものもあります。購入時の法的な約束事はショップでの購入と同様ですので、きちんと契約書を取り交わすようにしてください。

ペットではないネズミの購入について

爬虫類や猛禽類などの餌として、マウスやラットが販売されています。ペットではなく、あくまでも餌として繁殖、飼育管理されています。人に慣れにくく扱いにくい場合も多いでしょう。おすすめはできません。

ブリーダーから

日本では数少ないですが、ネズミのブリーダーから購入することもできます。両親の気質やカラーがわかりますし、離乳まで親きょうだいと一緒に過ごしているので、精神的な安定が期待できるでしょう。人に慣れやすい個体も多いと思われます。ブリーディングのポリシーもさまざまですので、いろいろなブリーダーを探してみてください。飼育相談などにも応じてもらえると安心です。よいブリーダーを見つけましょう。

里親募集に応じる

家庭で繁殖させたネズミの里親を募集していることがあります。どんな両親から生まれたのかはわかりますが、それより前の血統をたどることは通常はできないでしょう。ペットのネズミとして適切な飼育管理をしていれば、離乳までは親きょうだいと一緒に過ごし、精神的な安定が期待できます。

なお、個人の繁殖でも条件によっては動物取扱業の登録が必要になるケースもあります（73ページ参照）。

大人のネズミを「世話がしきれない」などの理由で里親募集している場合、人とのコミュニケーションが希薄で扱いにくいことも考えられます。

里親募集に応じる場合は、受け渡し方法、有償か無償かなど、あらかじめ十分に条件を確認しておきましょう。

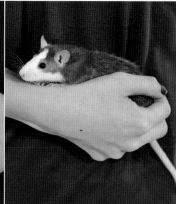

生後1ヶ月のマウス、生後4ヶ月のスナネズミ、生後3ヶ月のラット。いずれも若いネズミたち。

個体の選び方

ネズミを選ぶにあたって

ペットショップなどでは多くのネズミたちと出会うことができるでしょう。「ひとめぼれ」も素敵な出会いですが、わが家に迎え、心身ともに健康に過ごしてもらうためには、個体選びも大切です。ネズミとの暮らしを思い浮かべながら、どんなネズミを迎えるか考えてみましょう。

何匹？〜仲間がいたほうがいい種も

マウス、ラット、スナネズミはいずれも高い社会性をもっています。なかでもラットとスナネズミは、可能なら複数で飼育することが望ましい種です。とはいえ大人のネズミをいきなり同居させたりすれば殺し合いになりかねません。幼い個体を迎えるときが、複数での飼育を始めるチャンスです。一般的な飼育下では2匹が適切な頭数でしょう。

幼いときから同居させるとそのまま仲良くできる可能性が高いです。ショップでひとつのケージに同居しているネズミたちや、一緒に育っているきょうだいのネズミたちから迎えるのがいいでしょう。オス同士、メス同士いずれも可能とされていますが、すべてのケースでうまくいくわけではありません。ラットとスナネズミはオス同士でもうまくいくことが多いですが（ケンカごっこは観察されます）、マウスのオス同士はひどいケンカになる可能性が高いので、単独での飼育がいいでしょう。メス同士は一般に

うまくいくといわれています。（多頭飼育143ページ参照）

ペアで迎える場合には、若すぎるうちに繁殖したり、頭数がどんどん増えてしまう、母体への負担が大きいといった問題が生じます。

1匹だけで飼う場合には、退屈しない環境を作ることや、特に人とのコミュニケーション能力の高いラットでは十分に遊ぶ時間を作るようにしてください。

性別〜オスとメスとの違い

体格は3種ともオスのほうが大きいですが、マウスとスナネズミではさほどの違いがありません。ラットでは、オスはメスよりかなり大きくなります。

1匹だけを迎えるとなると、オスとメスの性格の違いも気になるところでしょう。マウスはメスのほうがおだやか、ラットはオスのほうがのんびりしていてメスのほうが活発、スナネズミはメスのほうがアグレッシブ、という傾向があるようです。当然、個体差はあります。

どの種もオスのほうが尿などのにおいが強いことは共通しています。

何歳？〜離乳を終えている個体を

きちんと離乳を終え、大人の食事を食べられるようになった、独り立ちした個体を選んでください。その時期に迎えれば通常は新

しい環境にも順応しやすく、人にも慣れやすいでしょう。

親きょうだいから早期に離されている場合、十分な栄養を摂取できていないほか、不安感を強くもっている可能性もあります。

すでに大人になった個体は、ほかの個体との同居は難しいので単独飼育してください。新しい環境に慣れるのに時間がかかります。

ネズミが起きている時間に

ラットは夜行性の傾向が強く、マウスは基本的には夜行性なので、昼間、ショップに行っても寝ている様子しか見られない、ということもあります。スナネズミは朝や夕方に活発です。ショップには夕方以降に行くと、元気な姿が見られることが多いでしょう。

迎える適切な年齢（週齢）は、マウスは生後5週ほど、ラットとスナネズミは生後6週ほどが目安です。

健康状態～性格チェックも

健康なネズミを選ぶため、ショップのスタッフと一緒に以下のような健康チェックを行いましょう。また、どんな性格かも可能な範囲で確認することをおすすめします。

ショップで多頭飼育されている場合は、気に入った個体以外に具合が悪そうな個体がいないかも見ておきましょう。もし感染する病気があれば、ほかの個体に感染しているおそれがあります。

なお、実際にネズミをさわったり、ケージ内に手を入れたりするときは、必ずショップのスタッフに了解を得、立ち会いのもとで行ってください。

購入時のチェックポイント

目 力強く輝いているか、目やにが出ていないか、目の周りが赤くなっていないか

耳 傷はないか、汚れていないか

鼻 鼻水が出ていたり、繰り返しくしゃみをしていないか

毛並み ぼさぼさしていないか、脱毛や切れ毛はないか、皮膚に傷はないか（ヘアレスタイプ）

お尻周り 下痢をしていたり汚れていないか

尾 傷はないか、切れていないか、被毛は生え揃っているか（スナネズミ）

歯 切歯は整っているか

体格 手に持ったときに、小さいなりにずっしりした重さを感じるか？

行動 活発か、足を引きずったりしていないか、食欲があるか

性質 ケージに近づくと好奇心旺盛に近づいてくるなど、こちらに注意を向けるか

家に迎えたら

迎える準備

3種のネズミは一年中販売されているので、購入することはいつでも可能ですが、飼い主の状況に応じて適切な時期に迎えるようにするといいでしょう。

なにより飼い主が時間的にも精神的にも余裕がもてるときがベストです。迎えたネズミの体調や、飼育用品を安全に使えているかなどを観察し、問題があれば対処できる余裕があるときがおすすめです。

迎える季節

動物を飼い始めるのは、春や秋のような穏やかな季節がいい、とよくいわれます。猛暑や厳寒の日が続くような時期だと移動時の動物の負担も大きくなります。ただ、春や秋は平均すれば穏やかな気温でも、寒暖の差は大きく、「朝は涼しかったのに昼間は暑い」というようなこともよくあります。季節性繁殖の動物だと春や秋に出産し、その時期でないと若い動物を迎えられない、ということもありますが、3種のネズミに関していえば一年中、繁殖可能なので「この季節でなくては」ということもありません。

真夏や真冬は避け、移動時と家庭内の温度対策をきちんと行ったうえで迎える季節を考えましょう。

最初は同じ床材や食べ物を

ショップから家へと環境が大きく変わります。最初のうちはショップで使っているものと同じ床材や食べ物を与えるようにするといいでしょう。においのついた床材を少しもらってくるのもいいかもしれません。違う種類のものに変更するのは、ネズミが新しい環境に落ち着いてからにしましょう。

迎える前にやっておくといいこと

● 飼育用品の準備

生体と一緒に買ってきてもいいのですが、あらかじめ準備しておき、その段階での不都合はなさそうかを点検しましょう。各種の飼育情報を参考にしながら、実際にネズミが来たときのことをシミュレーションしておくのもおすすめです。ケージの置き場所も確かめておきましょう。（置き場所92ページ参照）

● 家族のルールを決めて

家族で飼うなら、飼育のルールを決めておきましょう。子どもたちはネズミが落ち着くまでは見ているだけにする、全員が食事やおやつを与えてしまうことのないようにするなどの約束ごとです。

飼育グッズはあらかじめ入手し、準備しておくとよいでしょう。

連れ帰る方法

ショップではネズミを紙の箱に入れて渡されることが多いですが、移動中にかじられることもあるので注意しましょう。いずれにしても移動用のキャリーケースは必要になるので、購入したキャリーケースに入れてもらうのもいいでしょう。

ショップから家までの帰路に寒すぎたり暑すぎたりしないように気をつけましょう。

気になってキャリーケースや箱のふたを開けて、脱走させるようなことのないようにしましょう。

当日からしばらくの間の飼育管理

かまいすぎず最低限の飼育管理を

3種とも順応性は高いですが、環境が変われば感じる音もにおいも変わるのですから不安感があるはずです。2～3日は、食事や水を与え、汚れた床材を交換する程度の世話を手早く行い、あとはむやみにかまわず、やさしく声をかける程度にして、ゆっくり休ませてあげてください。

ただし用品が安全に使えているか、飲食できているか、体調に問題がないかといった点は観察し、具合が悪いときはすぐに動物病院に連れていってください。

● 生活音には慣れてもらう

ひどい騒音や振動をたてることは禁物ですが、話し声、足音などの通常の生活音までたてないようにがまんすることはありません。ネズミも最初は慣れない物音を警戒しますが、しばらくすれば物音がしても安全だと判断してくれるでしょう。落ち着かせようとわざわざケージを布でおおうようなことまではしなくても大丈夫です。

※一日中、明るい部屋で飼育しているときは、昼夜の区別をするために布をかけて暗くしたほうがいい場合もあります。

ネズミを家に迎えたばかりのときはかまいすぎず、普段通りの生活を。

2匹目以降を迎えるとき

家庭内検疫の期間を設けよう

すでにネズミを飼育している家庭に、新たなネズミを迎えるということもあるかもしれません。今いるネズミの繁殖相手や同居相手として迎える場合と、まったく別々に飼育する場合があるかと思いますが、いずれの場合でも家庭内検疫の期間を設ける必要があります。

家庭内検疫期間には、新たに迎えたネズミが病気、特にほかのネズミに感染する可能性のある感染症や皮膚疾患などをもっていないか、ダニなどの寄生虫がついていないかといったことを確認します。

家庭内検疫の手順

❶ 新たに迎えたネズミは、すでにいるネズミとは必ず別のケージに入れます。（同居手順としてもいきなり同居させないことは重要）

❷ 新たに迎えたネズミのケージは、すでにいるネズミのケージとは十分に離れた場所に置きます。厳密に行うなら異なる部屋に置きます。

❸ 新たに迎えたネズミの健康状態をよく観察します。元気があるか、鼻水や頻繁なくしゃみ、目やに、下痢、体をやたらとかゆがる、脱毛などをチェックします。異常があれば動物病院で診察を受けましょう。

❹ すでにいるネズミの世話を先に行い、新たに迎えたネズミの世話はそのあとに行います。家族で飼育している場合には、これを共通のルールにしてください。世話が終わったらしっかりと手洗いをしましょう。遊んだあとも手洗いを。

❺ 飼育用品の共有はしないでください。

❻ 家庭内検疫の期間は3週間が目安です。

❼ 家庭内検疫期間が過ぎたら、通常の飼育を行います。（同居させる予定なら、同居の手順143ページ参照）

前からいるネズミの世話を先に行い、手を洗います。次に新しいネズミの世話をしますが、そのあとも必ず手を洗いましょう。

動物愛護管理法

飼い主が
知っておくべき法律

　動物を適切に飼育することは、動物愛護管理法でも定められています。当然、ネズミもその対象です。どんな内容なのか見ておきましょう。ここでは飼い主として知っておくべきことを挙げていますが、そのほかにも動物愛護管理法ではペットショップやブリーダー、ふれあいカフェなどさまざまな動物取扱業者を対象とした規定も設けられています。動物愛護管理法の詳細は環境省・動物愛護管理室のホームページをご覧ください。

飼育するさいの約束事

　飼い主は、以下のことを守って動物を飼わなくてはなりません。（「動物愛護管理法」および「家庭動物等の飼養及び保管に関する基準」より抜粋）

* 　 * 　 *

❶飼う前に、その動物について理解し、終生飼養できるかどうかよく考えること。

❷適切な飼育管理を行うことによって、動物の健康と安全を守り、他の人に迷惑をかけないようにすること。

❸動物の種類や発育状況に応じた適切な食事と水を与えること。

❹適切な飼育環境で、衛生的に飼育すること。

❺健康管理に努め、病気やケガがあったときはすみやかに治療を受けること。

❻排泄物などで周囲の環境を汚さないこと。

❼適切な飼育管理ができる頭数を飼うこと。

❽オスとメスを分けて飼うなど繁殖制限を行うこと（注1）。

❾輸送にあたっては動物の負担を少なくするよう十分に注意すること

❿人と動物の共通感染症についての知識をもち、世話をしたあとは手指の洗浄を十分に行うなどして予防すること。

⓫動物が脱走しないようにし、万が一脱走したらすみやかに探すこと。

⓬災害時に備えること（避難用品の準備、同行避難など）。

⓭動物は最後まで責任を持って飼育すること（飼育が続けられない場合は新たな飼い主に譲渡することも含む）。

⓮個体識別措置を行うこと（注2）

⓯遺棄しないこと（違反した場合は1年以下の懲役か100万円以下の罰金）

⓰虐待しないこと（注3）

（注1）家庭での繁殖について

　ブリーダーではなく、一般家庭であっても、繁殖させたネズミを頻繁に里親に出している場合には第一種動物取扱業の登録が必要な場合があります。動物愛護管理法では、社会性をもって（特定の相手や少数を対象にしていないなど）、有償・無償は関係なく、一定以上の頻度または取扱量で（年2回以上または2頭以上）、営利を目的として動物を取り扱っている場合がそれにあたります。詳しくはもよりの動物愛護管理センターに問い合わせてみてください。

（注2）個体識別措置について

　個体識別措置の目的は、自分の所有する動物だとはっきりさせること、盗難や迷子を防止すること、災害時などに脱走した動物の飼い主を見つけやすくすること、飼い主としての責任を意識させることなどを

通じて、動物の遺棄と逸走を未然に防止することにあります。具体的にはマイクロチップや首輪、足輪などがあります。ネズミへのマイクロチップ装着も不可能ではないようですが、あまり現実的ではないかもしれません。逃がさないようにしたり捨てたりしないことはもちろんですが、自分のネズミだと主張できる情報をまとめておく、移動時のキャリーケースには連絡先のわかるものをつけておくなどの対策を考えてみましょう。

（注3）虐待について

　動物をみだりに殺したり傷つけると、5年以下の懲役か500万円以下の罰金に処せられます。動物に暴行を加えたり、食事を与えなかったり、酷使して衰弱させるといった虐待には1年以下の懲役か100万円以下の罰金が科せられます。病気やケガをした動物を放っておいたり、排泄物がたまったような状態で飼うこと、適切な飼育管理ができないほどの頭数を飼うことも虐待にあたる場合があります。

売買にあたって

　ペットショップやブリーダーなど（第一種動物取扱業者といいます）が動物（ここでは哺乳類、鳥類、爬虫類のこと）を販売するときには、その動物の現在の状態を直接、購入者に見せる「現物確認」と、その動物についての情報を書面などを使って対面で説明する「対面説明」が義務づけられています。

　動物についての情報は全部で18項目あります。購入者は、説明内容を理解したうえで、契約書に署名しなくてはなりません。（売買に際しては民法や消費者契約法なども関わってきます）

【販売時に説明すべき項目】
- 品種等の名称
- 性成熟時の体の大きさ
- 平均寿命

- 適切な飼育環境
- 適切な食事と水の与え方
- 適切な運動と休養の方法
- 主な人と動物の共通感染症と、その動物がかかる可能性の高い病気の種類と予防方法
- みだりな繁殖を制限するための方法
- 遺棄の禁止などその動物に関係する法令の規制内容
- 性別の判定結果
- 生年月日や輸入年月日
- 生産地
- その個体の病歴
- 遺伝性疾患の発生状況　　　　　など

動物の売買は、対面で書面による説明が必要です。

◉ネット販売について

　インターネットを介しての購入にあたっても、前述の「対面説明」と「現物確認」が必要です。ホームページだけを見て気に入った動物を選び、購入するということはできません。動物の発送までを禁止しているものではないため、あらかじめ対面説明と現物確認を行ったうえであれば購入が可能ということになります。ただし、動物の発送には多くのリスクもあるため、おすすめできません。

動物の輸入届出制度（感染症法）

感染症法（感染症の予防及び感染症の患者に対する医療に関する法律）は、感染症発生の予防やまん延の防止、公衆衛生の向上と増進を目的とした法律です。感染症法に基づく「動物の輸入届出制度」は、げっ歯目、ウサギ目（ナキウサギ科のみ）、その他の陸生哺乳類、鳥類が対象となっています。これらの動物を輸入するにあたっては、衛生証明書などが必要となります。げっ歯目の場合、輸出のさいに狂犬病の症状がないことと、過去1年間にペスト、狂犬病、サル痘、腎症候性出血熱、ハンタウイルス肺症候群、野兎病、レプトスピラ症が発生していない施設で出生以来保管されていることが衛生証明書で証明されています。この保管施設については一定の衛生管理が期待できる施設として輸出国政府が指定し、日本の厚生労働省に通知されている必要があります。

感染症予防の観点から、野生げっ歯目の輸入は禁止となったうえ、飼育下繁殖個体についても上記のように厳しい規制があるため、以前ほどさまざまな種類のネズミが輸入されなくなっています。

動物愛護管理法とは

動物愛護管理法（動物の愛護及び管理に関する法律）は1973年に「動物の保護及び管理に関する法律」として制定されたのち、数回の改正を経て現在に至ります。動物の飼い主や動物取扱業者だけではなく、すべての人々を対象にした法律です。

この法律は、国民が動物愛護精神をもち、動物による人の生命や財産などへの侵害を防ぎ、環境を保全すること、人と動物の共生社会の実現を図ることを目的としています。動物は命あるものだと認識し、動物をみだりに殺したり傷つけてはならないこと、習性を考慮し、適切な飼育管理を行うことが基本原則とされています。

動物愛護管理法はおよそ5年ごとに見直しが行われて改正されます。そのほかの法律も改正されることがあるので、常に最新の法律を確認するようにしてください。

ゴシゴシゴシ
…おめかし中
ですね

豪快なあくび!?
よく撮れ
ましたね〜

運動中かしら?

お休み中かしら?

仲よし寝姿に
いやされます

食べながらの
体重測定。
体重は増えた
かな?

ステキな
まくらですね

ネズミの
住まい

ケージを選ぼう

ネズミ飼育に必要なケージは？

　ケージはネズミがほとんどの時間を過ごす場所です。ネズミにとっては安全で、飼い主にとっては安心できる、快適な住まいを用意しましょう。

　ネズミの飼育施設にはケージ、水槽、プラスチックケース（以下プラケース）などがありますが、この本では総称して「ケージ」と呼び、いわゆる鳥かごタイプのケージは金網タイプとします。ケージにはそれぞれ長所と注意点があります。その特徴を知ってケージ選びをしましょう。

=== 選ぶポイント ===

● できるだけ広いものがいいですし、多頭飼育をするなら、より広さも必要です。ケージ内には、さまざまなグッズを置くことも考えましょう。

● 広いものがいいとはいえ、扱いやすさも重要なポイントです。世話や掃除、洗浄のために移動させることなども考えてください。どこに置くかも考えて選びましょう。

金網タイプ

　種類が多く、選択肢の幅が非常に広いです。ハムスター用の小さなものから、ウサギ、チンチラ、フェレット用などの大きめのものまであり、ネズミの年齢（体の大きさ）、同居頭数などに応じたものが見つけやすいでしょう。

　金網をかじったり、尿がかかったりするので、ステンレス製がベストです。塗装してあるものは、ネズミがかじっているうちに剥がれることがあります。

　扉は大きめのものを含め、いくつかついていると世話のさいに便利です。

=== ケージサイズの推奨例（最低限の広さ）===

	サイズ	資料
マウス	底面積 45×45cm、高さ 23cm	①
	底面積 25.4×38.1cm、高さ 25.4cm	②
	1匹目に底面積 50.8×25.4cm、マウスが増えるごとに 40.64×20.32cm	③
ラット	底面積 45×30cm、高さ 25cm	①
	底面積 91×60cm、高さ 60cm（2匹）	④
	底面積 60×60cm、高さ 30cm	⑤
スナネズミ	底面積 60×25cm、高さ 25cm（2匹）	①
	底面積 70×横 40cm、高さ 40cm	⑥
	底面積 38×30.5cm、高さ 25cm（2匹）	⑦

　ここでは、ペットとしてのネズミのケージサイズとして最低限必要とされているデータを紹介します。参考にしてください。ひとつのケージ内で飼育する頭数が増えればその分、広さが必要になります。

資料
① Diseases of Small Domestic Rodents
② The Mouse: An Owner's Guide to a Happy Healthy Pet
③ A Complete Guide to Fancy Mouse Care
④ Rats （Critters USA Magazine）
⑤ Exotic Small Mammal Care and Husbandry
⑥ エキゾチックペットマニュアル
⑦ National Gerbil Society

◉ 通気性がよく、暑さや湿気、においがこ
もりにくい。

◉ 側面に取り付けるタイプの飼育用品が
多い。

◉ ガラスやアクリル水槽に比べれば、大きさ
のわりには軽い。

══════ 注意点 ══════

◉ 金網間の幅が大きいと脱走しやすい（間
隔はラットで1.27cm、マウスで7mmが推奨され
ている）。

◉ 底網の隙間に足が落ちてケガをしやす
い。

◉ 保温性が低い。

◉ ケージ周囲が蹴り出された床材などで汚
れる。

水槽タイプ

　水を入れて生き物を飼ういわゆる水槽だ
けでなく、ガラス、アクリル、プラスチックな
どでできている小動物用の飼育施設を、こ
こでは水槽タイプといいます。近年では小
動物用の種類が増えているほか、爬虫類
用を使用することもできます。

══════ 長 所 ══════

◉ ケージ周囲が汚れにくい。

◉ 中の様子が見やすい。

◉ 保温性が高い。

◉ プラスチック製だと、ケージに比べれば
軽い。

◉ 部屋に置いてあっても見た目がよい。

イージーホーム 60　ローメッシュ（ワイヤースノコ仕様）（三晃商会）
W620×D505×H550mm（キャスター部 50mm 含む）

シャトルマルチ R60（三晃商会）
W610×D365×H340mm

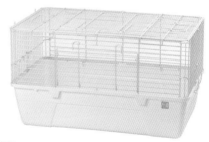

年齢に応じたお引越しも

　ラットは体が大きいので、大人に
なってからは大きいケージでの飼育が
推奨されています。ただし、まだ体の
小さな幼いうちにケージで飼育する
と、金網の隙間から脱走してしまうよ

うなことも起こります。小さい頃は保
温にも気を遣う必要がありますから、
幼いうちは水槽タイプで飼育し、ある
程度成長したらケージに移す、といっ
た飼育方法もよいでしょう。

◉ ガラス製やアクリル製だと重い。

◉ プラスチック製だと大きなものの種類が限られる。

◉ 通気性が悪く、夏は暑くなったり、においがこもる。

◉ ふたがない場合は金網のふたを用意する必要がある。

パンテオン ホワイト　WH6035（三晃商会）
W605×D305×H350mm

デュナマルティ（ファンタジーワールド／ファープラスト）
W710×D460× H 315mm

そのほかの種類

　ホームセンターなどで売られている衣装ケースはネズミ飼育によく利用されています。十分な広さのものもあり、軽くて加工しやすいうえ、安価です。

　ただし、別途ふたを取り付けるといった作業が必要になるうえ、当然ネズミ用ではありませんので、かじると破壊されやすいです（害獣としてのネズミによる衣装ケース破壊の被害も知られています）。こまめな点検と交換が必要になるでしょう。（わが家の住まいの工夫94ページ参照）

ルーミィ60　ベーシック（三晃商会）
W620×D450×H315mm

グラスハーモニー 450 プラス（GEX）
W468×D310×H282mm

生活グッズを選ぼう

床材・巣材

ケージの底には床材を敷きましょう。保温性がある、排泄物などの水分を吸収する、においの防止になるなどの効果があるほか、穴掘りをするなどの巣作り行動も可能にします。

床材を選ぶさいには、細かいほこりが出たりアレルギーの原因にならないもの、吸水性がいいもの、においを軽減できるものを選びましょう。ネズミが口に入れることもあるので、自然素材であることが望ましいです。消耗品ですから、入手しやすいことや高価ではないことなどもポイントになります。

巣材はネズミが巣作りをして寝床にするための材料です。床材をそのまま巣材にすることもあります。ウッドチップを敷き詰め、その上にペーパーチップや牧草を置き、巣作りの材料にさせるといった使い方もあります。

ウッドチップ

スギやマツなど針葉樹を原料にしたものと、ポプラ(アスペン)やシラカバなど広葉樹を原料にしたものがあります。

針葉樹のチップは入手しやすく香りもよいのですが、揮発性のフェノールという物質が呼吸器や肝臓、腎臓に悪影響を及ぼすことがあります。ただし、熱処置をしたものは問題ないとされ、ペット用として市販されているものは問題ないようです。

どちらの場合も、細かいカスがクシャミなどの原因になったり目に入ったりすることはあるので、ほこりっぽいものを選ばないようにしましょう。

コーンコブ

コーンリター、コーンサンドなど、トウモロコシの軸の部分(コーンコブ)を細かくした床材があります。吸水性がよく、かじっても害はないとされています。

吸水性が強すぎて皮膚から必要な水分まで吸収してしまうため、ラットのリングテイル(205ページ)の原因になったり、若いマウスの脱水を招くとする資料もあります。

牧草(乾牧草)

ウサギなど草食動物の食べ物として市

ウッドチップ

コーンリター

販されているチモシーなどのイネ科牧草を床材に使うことができます。刈り取り時期によって種類が分かれていて、床材にするならチモシー3番刈りという柔らかいタイプがいいでしょう。

イネ科の牧草ではバミューダグラスも柔らかいタイプです。スナネズミは硬いタイプのチモシー1番刈りでも上手に裂いてふわふわの寝床を作ります。

なお、牧草は香りがよいですが、吸水性はあまりよくありません。

ペーパーチップ

紙を小さくカットしたものや、それをまとめたものなどの床材として市販されています。ネズミは上手にほぐして巣を作ります。吸水性や保温性にすぐれています。

身近な紙製品

ペットの床材用に販売されている紙以外に、家庭内にある紙製品、たとえば新聞紙やキッチンペーパー、ティッシュペーパーなどを使用する場合があります。短冊状に

裂いたものをケージに入れておくとネズミが巣材として使います。

新聞紙のインクは植物性なので、安全性という面では、それほど心配ありませんが、インクの色移りの可能性はあります。キッチンペーパーは厚みのあるフェルトタイプではなく、人の手で簡単に裂けるものがいいでしょう。

ただし、いずれもペット用に作られているわけではないことは理解しましょう。

トイレットペーパーは濡れると崩れるので、床材や巣材には使えません。

ペットシーツ

吸水性や消臭性にはたいへんすぐれています。しかし、穴掘り行動ができないですし、かじったときに内部の吸収剤まで食べてしまう危険があります。吸収剤は水分を吸収して膨らむので非常に危険です。

ペットシーツをケージの底に敷き、その上に床材を敷き詰めるといった方法で使うこともできますが、ネズミがペットシーツにまでアプローチするようなら使わないほうがいいでしょう。

チモシー3番刈り

ペーパーチップ

ペットシーツ

綿

綿は保温性という点ですぐれていますが、細かな糸くずがからみついて指が壊死したり、誤って食べてしまうことで腸閉塞などの心配があります。使わないほうがいい巣材です。

寝床

ケージ内には安心して休める寝床が必要です。ネズミは自分で巣を作るので、床材や巣材を用意しておいて、あとはネズミに任せておくという方法もあります。

野生下ではトンネル内にいくつもの巣穴を作ることを考えると、自分で作る巣のほかにも巣箱やシェルターなどを置き、使い方を選ばせるのもいいでしょう。ハムスター用やチンチラ用などの巣箱が市販されています。かじったり排泄物で汚したりする、いわば消耗品のひとつでもあるので、空き箱などを利用し、まめに交換するという方法もあります。

寝床として、特にラットではハンモックが使われることがよくあります。ただし、布製品は、かじって飲み込み、腸閉塞などを起こしたり、糸がほつれて爪などをひっかけ、思わぬケガの原因になるなどのトラブルも起こります。かじっていないか、ほつれていないか、といったことをこまめにチェックし、確実に安全に使える場合に限り、布製品を使うことができます。使用する場合は注意して使いましょう。

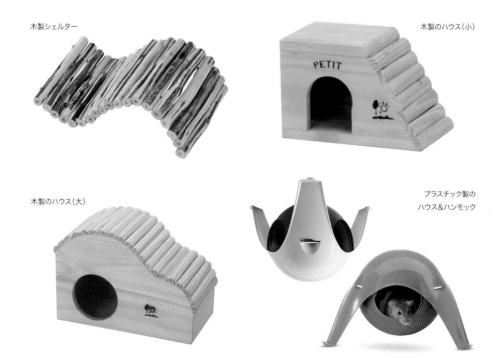

木製シェルター

木製のハウス（小）

木製のハウス（大）

プラスチック製の
ハウス＆ハンモック

食器、ボトル

食器は重みがあってひっくり返されにくいもの、衛生的に使えるものを選びます。陶器製やステンレス製のものがいいでしょう。ペット用品ではなく、厚みと深さのある食器(たとえばココット皿)を使ってもいいでしょう。ペレットのような水分の少ない食べ物と、野菜のような水分の多い食べ物は別々の容器を使いましょう。また、こまめに洗えるよう、複数の食器を用意しておきましょう。

飲み水は給水ボトルで与えるのがよいでしょう。衛生的ですし、飲んだ量も確認しやすいです。金網ケージでは、金網に外側から取り付けるものが一般的です。水槽タイプで飼っている場合には、給水ボトルを専用の台座にセットするものや、受け皿に水がたまるタイプなどがあります。

給水ボトルの容量は、ラットでは250〜500mL、マウスでは100〜250mL程度がいいでしょう。スナネズミはあまり水を飲みませんが、飲み水は必ず用意しておきましょう。

トイレ容器、トイレ砂

排泄する場所を定めるかどうかは個体差が大きいでしょう。比較的ケージの隅にすることが多い個体なら、そこを「トイレ」と考えます。トイレ容器は置いても置かなくてもど

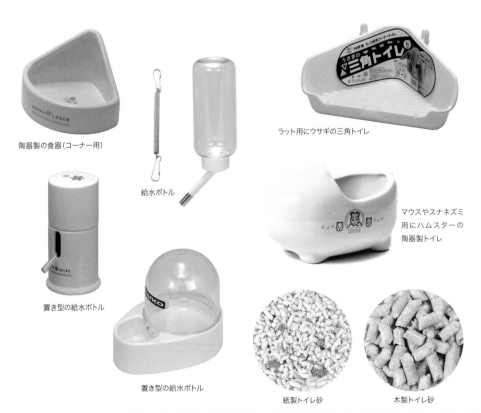

陶器製の食器(コーナー用)

給水ボトル

置き型の給水ボトル

ラット用にウサギの三角トイレ

マウスやスナネズミ用にハムスターの陶器製トイレ

置き型の給水ボトル

紙製トイレ砂

木製トイレ砂

ちらでも問題ありません。排泄する場所、あるいはトイレ容器には、吸水性や消臭性の高いトイレ砂を敷いておきます。どちらの場合でも、排泄物で汚れた床材をまめに交換しましょう。

トイレ容器は、マウスやスナネズミにはハムスター用、ラットには小型ウサギ用がサイズとしては適しています。ペット用品でなくても、適当な容器を使うこともできます。

トイレ砂は、猫用やウサギ用などで、万が一かじっても安全なものを選びます。濡れると固まるタイプだと生殖器にくっついて固まることもあるので避けてください。

トイレの位置が一定しない場合は、こまめな掃除で対処してください。

そのほかのグッズ

キャリーケース

動物病院に連れていくときや、一時的にケージから移動させておくときなどに必要になります。手頃なものはいわゆるプラケース（プラスチック製の昆虫などを飼育する容器）で、サイズが豊富です。ハムスター用の小型ケージを使うこともできます。

金網や格子状になっている部分があるものを使う場合は、ネズミが抜け出すことがないかどうかも確かめましょう。

砂浴び用品

特にスナネズミは砂浴びを好む個体が多いので、砂浴び容器と砂を用意してあげるといいでしょう。容器は、市販のものもありますが、手頃なサイズのトレーや深さのあるお皿を使うこともできます。そこに砂を入れてあげましょう。砂は小動物用砂が市販されています。ケージ内に砂浴び容器を入れたままにしておくと、排泄して汚すこともあるので、時間を決めて入れるといいでしょう。

プラスチック製の昆虫などを飼育するケース

小動物用キャリー

砂浴び用砂

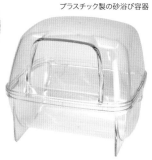

プラスチック製の砂浴び容器

陶器製の砂浴び容器

体重計

体重を定期的に測定することは、健康管理の基本のひとつです。デジタル式のクッキングスケール（キッチンスケール）がおすすめです。ラットは1g単位、マウス、スナネズミや幼いラットは0.5g単位で計れるものがいいでしょう。

温湿度計

ネズミがいるケージの近くに温湿度計を設置して温度と湿度の確認を行います。デジタルタイプが見やすいでしょう。ケージが水槽タイプだと内外での温度差が大きいこともあります。

ただし水槽内に温湿度計を置くとかじられるおそれがあるので、届かない場所に設置する工夫をしてください（両面テープとマジックテープを利用して水槽の上部に貼り付ける、フックを使って上からひっかける、など）。あるいは、見ていられるときに温湿度計を入れて確認してください。

最高最低温度計を使うと、外出中に予期せぬ室温になっていたことなどが確認できるのでおすすめです。

季節対策グッズ

暑さ対策グッズ

エアコンを利用して温度管理を行うのが原則です。そのほかの対策に、市販されているアルミや大理石、テラコッタなどの冷却ボードをケージ内に設置するのもいいでしょう。

デジタル式のフードスケール

温湿度計

テラコッタトンネル

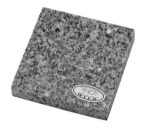
涼感 天然石

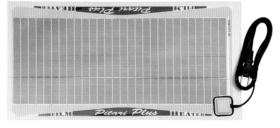
ケージ下に直に敷き、上部や側面に置くタイプと併用するヒーター

寒さ対策グッズ

　ペットヒーターには、ケージの下に敷くタイプ、ケージ内の底に敷くタイプ、ケージ側面に取り付けるタイプ、ケージ天井に取り付けるタイプなどさまざまな種類があります。ケージの種類やサイズなどによって適切なものを選ぶといいでしょう。ペットヒーターには、電気コードのあるものが多いです。ネズミが脱走したうえで電気コードをかじる事例もあるので、くれぐれも脱走には注意してください。
（季節対策は136ページも参照）

エンリッチメントグッズ

　ネズミの生活に変化をつけたり、運動量を少しでも増やす、好奇心を刺激する、といったことに役立つのがエンリッチメントグッズです。ハムスターなど哺乳類の小動物用に限らず、鳥用の用品、爬虫類やアクアリウム用品など、さまざまなジャンルから見つけることができます。

　回し車は、運動にメリハリをつけるものとして手軽に取り入れられます。野外に回し車を設置しておくと野生のネズミも使用したという研究もあります。

　走る部分がはしご状になっていると足をはさんでケガをしやすいので、一枚板になっているものか、金網なら網目が細かいものを選びましょう。

　サイズはネズミの種類に合ったものを。最低でもマウスで直径15cm、ラットで直径30cm、スナネズミで直径20cmほどは必要でしょう。

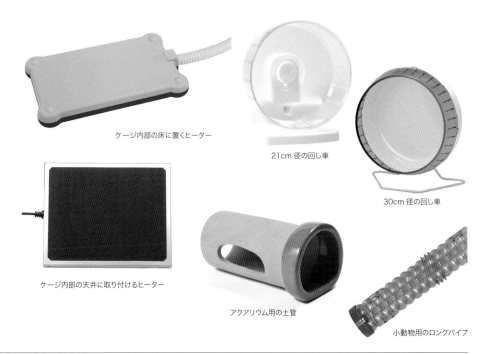

ケージ内部の床に置くヒーター

21cm 径の回し車

30cm 径の回し車

ケージ内部の天井に取り付けるヒーター

アクアリウム用の土管

小動物用のロングパイプ

パイプは、地下にトンネルを掘るネズミに合ったグッズといえます。市販の小動物用に限らず、アクアリウム用の土管なども使えるでしょう。

かじり木は、ものをかじるという本能的な行動を再現させることができますし、適度な歯の摩耗を促進すると考えられます。スナズミは植物食傾向が強いので、草食動物用の牧草キューブを与えることもできます。

そのほかにも、鳥用などの吊るすおもちゃやアスレチック、金網ケージならロフトや金属製のトンネルを取り付ける、ケージの底にレンガや爬虫類用のシェルター、アクアリウム用の流木などを置いて動きに変化をつけるといった方法もあります。

100均ショップの雑貨など、動物用に作られていないものをエンリッチメントグッズとして活用したいという場合は、材質や塗装など万が一かじっても安全かどうかを確認してください。

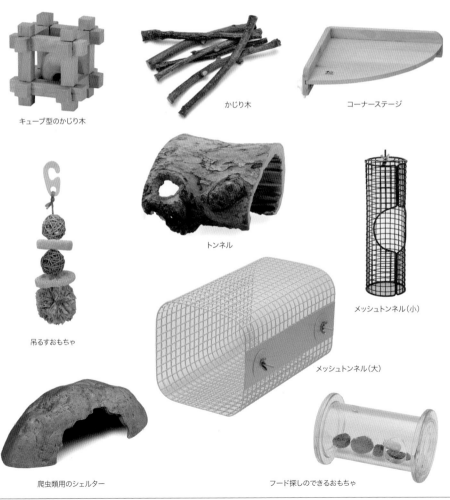

キューブ型のかじり木

かじり木

コーナーステージ

トンネル

吊るすおもちゃ

メッシュトンネル（小）

メッシュトンネル（大）

爬虫類用のシェルター

フード探しのできるおもちゃ

ケージレイアウトは安全第一に

　ここでは3種のネズミを1頭で飼育する場合のケージレイアウトの一例をご紹介します。個体差、性別、頭数、選んだケージのタイプなどによっても適切なレイアウトは異なります。ネズミが安全に暮らせることを第一に考えながらレイアウトを決めていきましょう。様子を見ながら微調整していくことも、ときには必要です。

　いずれのネズミも、ものをかじる力が強いことを忘れないようにしましょう。木のおもちゃなどかじること前提のグッズはいいのですが、ケージ内のプラスチック部分に少しでも出っ張りがあると、そこからかじって穴を開け、脱走することがあります。

シェルター
巣や隠れ家として市販の巣箱やシェルターを設置します。

金網タイプで、底に網がある場合は取り外します。

裂いた紙ナプキン
寝床を作るための巣材としてほぐせるタイプのペーパーチップやティッシュペーパーなどを少し、一箇所に置いておきます。

トイレ砂
トイレ容器は置かずに、よく排泄する場所にトイレ砂を敷きます。

ミニレンガの上に食器
食器はトイレ位置とは離れたところに。穴掘り行動などをして床材が食器に入るなら、レンガなどを置いて高さをつけたところに食器を置く方法も。

回し車
エンリッチメントグッズとして回し車、パイプなど。

水飲み
給水ボトルは床置き型か吊るすタイプを。飲み口に床材などがつくと水漏れするのでこまめにチェック。

床材
底には広葉樹のウッドチップを敷き詰めます。

マウスのケージレイアウト

　マウスは活発な動物です。特に夜間に、運動と休息を何度も繰り返していることが知られています。よく運動できるだけでなく、ゆっくり休息できる場所も作ってあげましょう。

　金網タイプのケージを使う場合に注意したいのは、網の隙間から脱走することです。なるべく網目の細かいケージを選んでください。水槽タイプでは小動物用のものを使うことができます。

また、グッズをたくさん設置しすぎるとネズミが移動しにくくなったり、ケージからネズミを出そうとしたときに捕まえにくくなることもありますのでほどほどに。

レイアウトを変更したり、新しいグッズを導入したときは、安全に使えているかしばらくの間はよく観察しましょう。

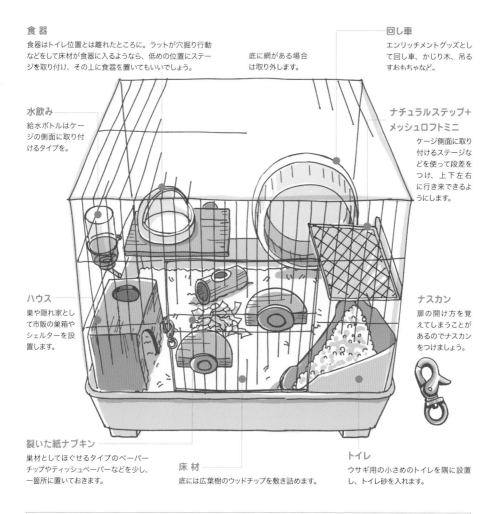

食器
食器はトイレ位置とは離れたところに。ラットが穴掘り行動などをして床材が食器に入るようなら、低めの位置にステージを取り付け、その上に食器を置いてもいいでしょう。

底に網がある場合は取り外します。

回し車
エンリッチメントグッズとして回し車、かじり木、吊るすおもちゃなど。

水飲み
給水ボトルはケージの側面に取り付けるタイプを。

ナチュラルステップ＋メッシュロフトミニ
ケージ側面に取り付けるステージなどを使って段差をつけ、上下左右に行き来できるようにします。

ハウス
巣や隠れ家として市販の巣箱やシェルターを設置します。

ナスカン
扉の開け方を覚えてしまうことがあるのでナスカンをつけましょう。

裂いた紙ナプキン
巣材としてほぐせるタイプのペーパーチップやティッシュペーパーなどを少し、一箇所に置いておきます。

床材
底には広葉樹のウッドチップを敷き詰めます。

トイレ
ウサギ用の小さめのトイレを隅に設置し、トイレ砂を入れます。

ラットのケージレイアウト

自然界では、ラットの原種であるドブネズミよりも別種のクマネズミのほうが垂直移動が得意など運動能力に長けているといわれますが、ペットのラットも活発で遊び好き、上下移動も好むようです。体も大きくなるので、ウサギ用やチンチラ用などの大型ケージがおすすめです。

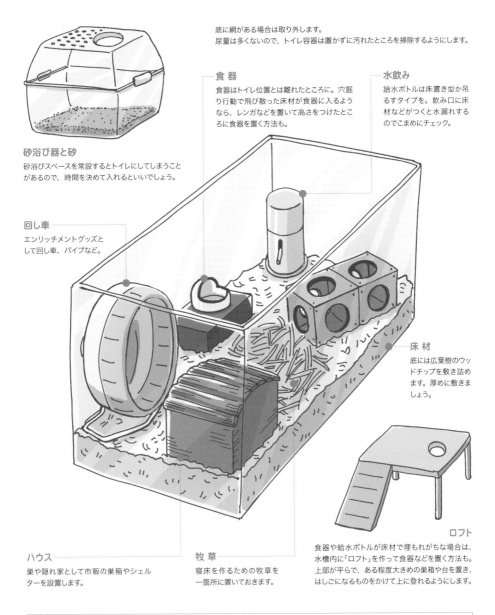

底に網がある場合は取り外します。
尿量は多くないので、トイレ容器は置かずに汚れたところを掃除するようにします。

食器
食器はトイレ位置とは離れたところに。穴掘り行動で飛び散った床材が食器に入るようなら、レンガなどを置いて高さをつけたところに食器を置く方法も。

水飲み
給水ボトルは床置き型か吊るすタイプを。飲み口に床材などがつくと水漏れするのでこまめにチェック。

砂浴び器と砂
砂浴びスペースを常設するとトイレにしてしまうことがあるので、時間を決めて入れるといいでしょう。

回し車
エンリッチメントグッズとして回し車、パイプなど。

床材
底には広葉樹のウッドチップを敷き詰めます。厚めに敷きましょう。

ハウス
巣や隠れ家として市販の巣箱やシェルターを設置します。

牧草
寝床を作るための牧草を一箇所に置いておきます。

ロフト
食器や給水ボトルが床材で埋もれがちな場合は、水槽内に「ロフト」を作って食器などを置く方法も。上部が平らで、ある程度大きめの巣箱や台を置き、はしごになるものをかけて上に登れるようにします。

スナネズミのケージレイアウト

　スナネズミも活発によく運動します。なかでも穴掘り行動を好みます。ある程度深めに床材を敷くといいことや、床材を掘るときに盛大に蹴散らし周囲に散乱させることがあることなどから、ケージよりは水槽タイプでの飼育が向いているでしょう。

ケージの置き場所

落ち着ける場所

- ネズミが不安なく落ち着いて暮らせる場所にケージを置きましょう。生活音はしかたありませんが、大きすぎるテレビの音や大きな足音などの振動がする場所は避けてください。

- 特にまだ慣れていないうちは、部屋の中央では落ち着きません。必ずケージの一辺は壁に沿っている場所に設置します。

- 床の上に直接、置くと、足音などの振動がうるさい場合もあります。ローボードやラックに置いたりするといいでしょう。

- 犬や猫、フェレットなどの捕食動物とは接触しないようにしてください。ネズミにとっては、においがするだけでもストレスになります。

極端な気温にならない場所

- 不適切な温度になっていても逃げ出すことができません。暑すぎる、寒すぎる、湿度が高すぎる場所、温度差が激しい場所は避けてください。

- 日当たりのいい部屋で飼うのはいいことですが、直射日光が当たる場所は避けます。特に水槽タイプでは内部の温度が上昇しやすく、危険です。

- 窓際は、屋外の温度変化の影響を大きく受けます。急激な冷え込み、強い日差しなどで温度差が大きくなる場所です。

- 出入り口のそばだと、冬場は開閉のたびに隙間風が吹き込むこともあるので注意してください。

- エアコンでの温度管理は基本ですが、エアコンからの風がケージを直撃しないようにしてください。

新鮮な空気が流れる場所

- 家具と家具の間など、部屋のデッドスペースになっている場所にケージを置くこともあるものです。空気の流れが滞る場所になっている場合もあります。風通しがよく、ほこりっぽくない場所に置いてください。

- ケージを置いている部屋全体の掃除はこまめに行い、換気を心がけましょう。

置き場所についての
そのほかの注意点

- 昼は明るく、夜は暗くすることができる場所に置きましょう。一日中明るかったり、一日中暗かったりするようでは、体内時計に狂いが生じてしまいます。リビングなど、夜になっても明るい場所に置いているときは、夜間は周囲を覆うなどして明暗のメリハリをつけましょう。夜にネズミとコミュニケーションをとっている場合は、遊び終わったら暗くしてあげてください。

- ドブネズミ、クマネズミなど野生のネズミと接触しないようにしてください。ダニなどの外部寄生虫や感染症の危険があります。

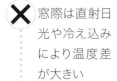

✖ 窓際は直射日光や冷え込みにより温度差が大きい

✖ テレビやスピーカーのそばには置かない

✖ よく開閉するドアのそばは落ち着かず、風も当たる

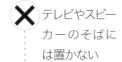

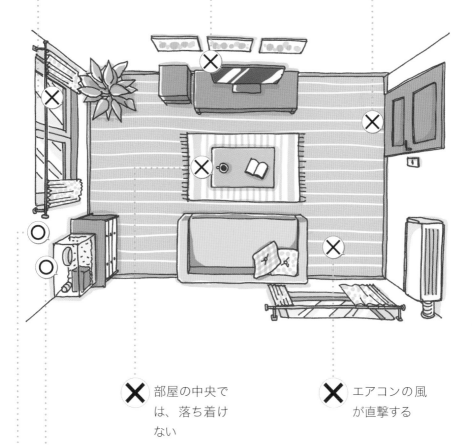

✖ 部屋の中央では、落ち着けない

✖ エアコンの風が直撃する

⭕ ケージの一辺は壁に沿っている。明るいが日差しが直撃しない

⭕ 床の上に直接置かずに、ローボードなどの上に設置

⭕ 昼は明るく、夜は暗くすることができる

⭕ 犬や猫、フェレットなどの捕食動物とは部屋を分ける

【住まい編】

みなさんのネズミの住まい（ケージ）です。
工夫している点、注意している点を教えて頂きました。

【CASE1】さゆりさん (ラット)

　30cmホイールが入る大型衣装ケース（W44×D74×H43）を改造。3ヶ所の開閉できる窓があります。正面扉と、右の網付き扉（通気性のため）をアクリル板で作りました。蓋の扉は網です。ハンダコテで穴を開け、ネジで固定、アクリル板は強力両面テープで固定しています。

　ロフトも作り、スロープを切り抜いたケースの一部で作ってあります。道には、滑り防止のために剥がせるタイプの便座シートを貼っています。汚れたとき、はがして洗えます。

【CASE2】わらさん (スナネズミ)

　自分でカットしたバーベキューの網を45cm水槽のふたにしています。一端を針金で固定して開け閉めします。ところが成長とともに、昔は届かなかったのに、ココナッツを踏み台にして金網をかじるように…(左)。ココナッツの真上限定で、ケージ内側からかじり防止の板（クリアファイル）を貼り付けると(右)、一切かじらなくなりました。

【CASE3】 nieさん(ラット)

　ケージにいるときに上下運動ができるようにと、100均で買った金網や角バット網をケージ側面に取り付け、寝床用のハンモックも設置。網はラットが乗っても落ちないよう結束バンド3個でしっかり固定。また、その結束バンドをかじらない子であることを確認して使っています。

【CASE4】 Chelseaさん(ラット)

　ベルギーのケージSavic Rat & Ferret Cage Royal Suite 95を上下で仕切り、上段に女子3匹(MAX5匹)下段に男子1匹を飼育しています。ハンモックはヤフオクやメルカリで手作りのものを購入。

　19時30分までにはケージを布で囲んで暗くしています。

【CASE5】 Abekimikoさん（マウス）

　給水ボトルをかじるので、小さな陶器2つに水と食事を入れていますが、どうしても紙砂が混じってしまうため、100均のアクリル階段2段を置いて、その上に器を置き、うまくいっています。階段から落とさないように、器の裏側を両面テープ状にしたビニールテープで留めています。器が動かないため、水は減るたびに、100均のつる首給水ボトルで追加しています。ときどき丸ごと取り出してきれいにします。

【CASE6】フレットさん（パンダマウス）

　衣装ケースの側面の二箇所に透明なアクリル板を装着して横からの視認性を良くしています。左下のトイレは、タッパの側面一ケ所をカットして出入り口に。木で自作した寝床は切り裂いたティッシュを入れています。床は画材店で購入した厚さ2mmのウレタンシートを敷き、シート下への侵入とかじり防止対策として木枠を設置。回し車には磁石に反応するリードスイッチと万歩計を繋いで回転数から走行距離を計測しています。

　台や遊び場も木で自作、ズレて怪我をしないようにすべての設置物を磁石で固定しています。

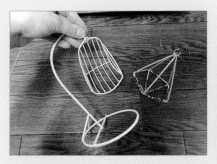

【CASE7】櫻葉さん（マウス）

ケージ内の運動具として、観葉植物用フレームを100均で購入。アスレチックのようです。

【CASE8】びっきぃこはんさん（ラット）

フルーツバスケットをケージに吊り下げました。ラットが登って遊ぶのにちょうどいいサイズ感！

【CASE9】
しげさん（ラット）

　イージーホーム60ハイメッシュ（三晃商会）に2匹のラットが同居しています。ハンモックを上層に、中層には、突っ張り棒2本を渡した上に網を折り曲げて乗せたり、洗濯バサミ入れ（カゴ）や網を取り付け、床フロアには食器やトイレを置き、おおよそですが3フロアにしています。

編集部から
ひと言！

遊ぶのが大好きなネズミたち。ケージ内での運動量を増やすためのさまざまな工夫が見られますね！ 安全なものならペット用に限らず取り入れられるので、「ネズミ目線」で100円ショップやホームセンターを見て回るのも楽しいと思います。

【CASE10】
はるさん（ラット）

イージーホーム（フェレット）80でオスの単頭飼いの住まいです。100均のキッチンの水切りで2階部分を作り、うきポカヒーターを設置。鼻炎もちのため、床はスリーコインズのキッチンマット。ハウスとトイレが1階です。

肺に不調のある子だったこともあり、酸素室を設置することがありました（写真下）。右手前の透明ケースが酸素室です。ケージ全体をビニールでカバーし、ケージごと酸素室にしたこともあります。

【CASE11】田村さん（ラット）

3匹のラットの住まいです。生後3ヶ月ほどまでは、手狭でしたがルーミィ60（三晃商会）で暮らし、たくさん動けるようにイージーホーム80のハイメッシュ（同）にお引越ししました。若いうちはハンモックなどの布製品はかじるので使わず、代わりに木製や金属製のステージを設置。

2歳過ぎに腫瘍ができた子がいて、今は高さのないシャトルケージ85（同）に。布製品にイタズラしなくなったのでハンモックも設置しました。

ネズミの食事

食事は生きていくための基礎

食べたものが栄養になるしくみ

　動物は、ものを食べることで生きていく基礎を作っています。体を構成する組織は常に入れ替わっているので、その動物種に合った栄養を摂取することが動物の成長や健康、寿命、免疫力や繁殖に大きな影響をもたらします。

　食べ物は口の中で噛み砕かれ、唾液中の消化酵素による分解が始まります。飲み込んだ食べ物は胃に送られて、胃液で消化が行われます。

　食べたものは胃や小腸で小さな分子に分解され、小腸で吸収されて血液やリンパ液に乗り、体内のさまざまな場所に移って、エネルギーとなったり体を構成する成分になったりします。大腸では水分などが吸収されて、最後に便として排泄されます。

　また、ウサギやげっ歯目などの動物では、

食べることはとても大切！

　食べたものの一部は盲腸へと送られます。動物にはセルロースという食物繊維を分解する消化酵素がありませんが、盲腸に住み着いている腸内細菌の力で分解・発酵されたものを食べることで（食糞）、栄養として摂取することができるしくみになっています。

　栄養素には、エネルギー源となるタンパク質、炭水化物、脂質（3大栄養素）と、エネルギー源にはならないものの、動物が生きていくために欠かせない働きをするビタミン、ミネラル（5大栄養素）があります。それぞれがどんなものなのかを見ていきましょう。

タンパク質の役割

　タンパク質は、筋肉や皮膚、毛、爪、骨、臓器など体内の組織の材料になるほか、血液、酵素やホルモン、免疫物質に関与するなどの働きをする栄養素です。また、糖質や脂質では足りないときにはエネルギー源にもなります。

　タンパク質が不足すると、成長の遅れ、痩せる、被毛や皮膚の状態の悪化、妊娠中の胎子の成長の遅れ、免疫力の低下などが起こります。タンパク質が多すぎると、糖質や脂質に移行するため肥満の原因になったり、過剰分の解毒や分解、排泄のさいに肝臓や腎臓に負担がかかります。

　なお近年、ラットを用いた研究で、動物性タンパク質と植物性タンパク質を同時に摂取したほうが効率的に吸収され、筋肉の萎縮を抑制する傾向があるということが発表されています。

アミノ酸

タンパク質は20種類のアミノ酸という物質で構成されています。そのうち体内では合成できないものを必須アミノ酸といい、食べ物から摂取しなくてはなりません。

必須アミノ酸は哺乳類では9種類あり(イソロイシン、ロイシン、リジン、メチオニン、フェニルアラニン、スレオニン、トリプトファン、バリン、ヒスチジン)、幼いマウスやラットではアルギニンも必須アミノ酸です。

動物性タンパク質のほうが、必須アミノ酸がバランスよく含まれています。

炭水化物の役割

糖　質

炭水化物には、糖質と繊維質の2つがあります。

糖質はエネルギー源として働きます。消化管内でグルコースという最小単位にまで分解されて、肝臓や筋肉に貯蔵され、大部分がエネルギーとして使われるほか、血液中に血糖として存在します。

糖質にはいくつかの種類があります。最小単位の「単糖類」にはブドウ糖、果糖などがあり、果物に多く含まれています。「二糖類」にはショ糖、乳糖などがあり、ショ糖は砂糖のことです。「少糖類」にはオリゴ糖などがあり、オリゴ糖は腸内細菌の餌になることが知られています。「多糖類」にはデンプン、グリコーゲンなどがあります。多糖類には、動物がもつ消化酵素で分解できる易消化性のものと、分解できない難消化性のものがあります。難消化性のものが繊維質です。

糖質が不足するとエネルギー不足となり、疲れやすくなります。多すぎると、糖尿病のリスクが高まり、肥満の原因にもなります。

繊維質(食物繊維)

多糖類の一種で、人のもつ消化酵素では消化されないもののことです。古くは役に立たないものとされていましたが、現在では、腸の働きを刺激したり、腸内の有害物質を排出するのに役立つことや、消化管内の環境を整えるといったさまざまな働きが知られています。動物がもつ消化酵素では消化できませんが、ネズミの仲間やウサギなどは、腸内細菌が繊維質を分解・発酵し、それを食糞することで栄養を摂取しています。

繊維質には水に溶ける水溶性と、水に溶けない不溶性があります。植物の細胞壁にあるセルロースなどは不溶性で、リンゴや柑橘類に含まれるペクチンなどは水溶性です。

繊維質が不足すると消化管の活動が不活発になったり、便秘をしたりします。不溶性の繊維質が多すぎても便秘になることがあったり、消化管の通過速度が速くなるために栄養素の吸収が低下したりします。

お腹空いてきた…

脂質の役割

脂質は、細胞膜などの生体膜や脳、神経組織などを構成するほか、免疫物質を作る、血管の防御、ホルモン分泌などさまざまな働きをしています。脂溶性ビタミンを利用するためにも欠かせません。また、エネルギー源としてはタンパク質や糖質の約2倍のエネルギーを作り出します。

脂質の主な構成成分は脂肪酸です。脂質は、体内で合成できない必須脂肪酸（リノール酸、αリノレン酸、アラキドン酸）の供給源となります。

脂肪酸はその構造によって非常に細かく分類されています。飽和脂肪酸と不飽和脂肪酸があり、飽和脂肪酸は主に動物性の脂肪に含まれ、不飽和脂肪酸は植物や魚の脂肪に含まれています。不飽和脂肪酸のうち一価不飽和脂肪酸にはオレイン酸などが、多価不飽和脂肪酸のうちn-3系には必須脂肪酸のαリノレン酸などが、n-6系にはリノール酸やアラキドン酸などが含まれます。多価不飽和脂肪酸を摂りすぎると免疫に影響し、感染症や腫瘍などのリスクが高まる可能性があるため、与えすぎには注意しましょう。

脂質が不足するとエネルギー不足になったり、成長の遅れや皮膚や被毛の状態悪化などが起こります。多すぎると肥満や高脂血症、脂肪肝などを起こしやすくなります。

ビタミンの役割

エネルギー源や体を構成する成分ではあ

【ビタミンの働き】

ビタミン		役割	過剰	欠乏
脂溶性ビタミン	ビタミンA	ロドプシンなどの視覚色素を生成。粘膜や骨を保護。β-カロテンとして強い抗酸化力をもつなど。	骨異常、成長障害、食欲不振など。	夜盲症、成長障害、免疫力の低下など。
	ビタミンD	カルシウム代謝に関与など。	食欲不振、高カルシウム血症による腎臓、心臓、血管、骨組織の石灰化など。	成長期にはクル病、成体では骨軟化症など
	ビタミンE	強い抗酸化力をもち、脂質の過酸化を抑制、生体膜の安定化など。	（まれ）	貧血、筋肉壊死、不妊症、筋萎縮症、食欲不振、皮膚炎、免疫力低下など。
	ビタミンK	血液凝固に関与する酵素前駆体を活性化、骨の形成に関わるオステオカルシンの合成など。	（まれ）	血液凝固障害など。
水溶性ビタミン	ビタミンB₁	炭水化物の代謝に働く酵素の補酵素。神経機能を正常に保つ働きなど。	余剰分は体外に排出されるため過剰になりにくい。	炭水化物の代謝異常。食欲の低下、衰弱、脚気、多発性神経炎などの神経障害など。
	ビタミンB₂	リボフラビン酵素として、糖質、脂質、タンパク質の代謝関与、有害な過酸化脂質を分解など。	（まれ）	口角炎、舌炎、皮膚炎、結膜炎、目の充血、成長障害など。
	ビタミンB₆	ピリドキサールリン酸という補酵素として、アミノ酸代謝に重要な役割など。	（まれ）	食欲不振、貧血、けいれんなど。
	ビタミンB₁₂	葉酸の活性化に必要な補酵素。アミノ酸や核酸の代謝、神経の正常機能維持など。	（まれ）	成長低下、貧血、神経障害など。
	ナイアシン	糖質、脂質、タンパク質の代謝に欠かせない補酵素。	下痢、嘔吐、肝機能障害など	皮膚炎などナイアシン欠乏症（ペラグラ）を起こす。
	パントテン酸	補酵素CoAの構成成分として糖質、脂質、タンパク質代謝に関与など。	（まれ）	成長障害、皮膚炎など。
	葉酸	DNA合成や赤血球を作るための補酵素として重要な役割など。	（まれ）	悪性貧血、成長障害など。
	ビオチン	炭水化物、脂肪、タンパク質の代謝に重要な補酵素など。	（まれ）	（まれ）
	ビタミンC	細胞内での活性酸素やフリーラジカルの除去、酸化したビタミンEの還元など。	（まれ）	（ビタミンCが合成できない種では）壊血病

りませんが、体の機能を調節する役割があり、わずかな量でも欠かせない栄養素です。体内で合成できないか、できても不足するため、食べ物から摂取する必要があります。

脂溶性ビタミン（ビタミンA、D、E、K）と水溶性ビタミン（ビタミンB群、C）に分けられます。脂溶性ビタミンは油脂に溶けるもので、肝臓に蓄積するので欠乏はしにくいですが、過剰摂取に注意が必要です。水溶性ビタミンは水に溶けるもので、尿と一緒に排泄されるので過剰にはなりにくいですが、欠乏しやすいという面があります。

人などの霊長類、げっ歯目のモルモットではビタミンCを合成できませんが、ラット、マウス、スナネズミは合成できます。また、盲腸での腸内細菌の働きによって作られたビタミンB群やビタミンKを食糞することで摂取しています。

ミネラルの役割

無機質ともいいます。エネルギー源にはなりませんが、体の構成要素となったり、体の機能を調節するなどの重要な役割があります。

体内に存在する量によって多量ミネラル（ナトリウム、カリウム、カルシウム、マグネシウム、リンなど）と微量ミネラル（鉄、亜鉛、銅、マンガン、ヨウ素、セレン、クロム、モリブデンなど）に分けられます。

ミネラルは摂取量のバランスも重要です。カルシウムとリンの比率は1〜2：1が、カルシウムとマグネシウムの比率は2：1がよいとされています。

【ミネラルの働き】

ミネラル		役割	過剰	欠乏
多量ミネラル	ナトリウム	大部分が体液や軟組織に存在。浸透圧やpHの維持、筋肉の収縮に関わるなど。	高血圧、心臓疾患、腎臓疾患など。	成長抑制、食欲不振など。
	カリウム	大部分が体液や軟組織に存在。浸透圧やpHの維持、細胞内への栄養素移行の調節など。	麻痺、徐脈など。	成長抑制、食欲不振など。
	カルシウム	体内の約99%が骨と歯に存在するほか、血液凝固や筋肉収縮、神経刺激の伝達に関係する。	ほかのミネラル吸収抑制、結石のリスクなど。	成長抑制、成長期にはクル病、成体で骨軟化症を起こすなど。
	マグネシウム	約60-65%が骨に存在。300種類以上の酵素を助ける、神経の興奮を抑制するなど。	（まれ）	筋力低下、けいれん、循環器障害など。
	リン	体内の約80%が骨と歯に存在するほか、体内に広く分布して体液のpH調節機能に関わるなど。	骨からカルシウムが放出されるなど。	骨軟化症、クル病、筋萎縮など。
微量ミネラル	鉄	体内の鉄の多くがヘモグロビンに含まれる。酸素の運搬や貯蔵、酸化還元反応に関わるなど。	（まれ）	貧血、胸腺・脾臓の萎縮、タンパク質の合成阻害など。
	亜鉛	体内に広く分布。約20%が皮膚に存在。多くの酵素の構成成分としてDNAの合成や免疫機能に関わるなど。	（まれ）	成長障害、皮膚の異常、繁殖障害、免疫機能低下など。
	銅	約半分が筋肉や骨に、残りの多くは肝臓と骨髄に存在。体内での鉄の輸送、神経の形成、血管壁の強化など。	（まれ）	鉄の吸収低下により貧血、成長障害、色素の異常など。
	マンガン	骨をはじめ肝臓、腎臓、筋肉など各組織に分布。多くの酵素の活性化に関与するなど。	（まれ）	骨代謝異常、成長不良、繁殖障害など。
	ヨウ素	大半が甲状腺に存在。甲状腺ホルモンであるサイロキシンの成分になるなど。	甲状腺腫など。	甲状腺腫、成長障害、繁殖障害など。
	セレン	過酸化水素などの還元を触媒する酵素の構成成分、ビタミンEの作用と関連するなど。	毒性が強い。人では爪の変形や脱毛、胃腸障害、下痢、疲労感など。	過酸化物による細胞障害。ラットでは肝臓壊死、牛では白筋症などの筋肉障害など。
	クロム	肝臓、腎臓、血液、脾臓などの組織や細胞に存在し、糖質や脂質の代謝に関わるなど。	（まれ）	成長障害、繁殖障害、血糖値のコントロールが難しくなるなど。
	モリブデン	肝臓や腎臓に存在し、核酸、尿酸の代謝に関わり、鉄の作用を高めるなど。	（まれ）	（まれ）

ネズミの食事の基本

ネズミの食事・はじめに

　ネズミを健康に、できるだけ長生きしてもらえるように飼育するには、日々の食事内容がとても重要です。

　ドブネズミやクマネズミ、ハツカネズミが世界に広く分布しているのは、彼らに「なんでも食べる」という習性があることも大きな要因のひとつとなっているでしょう。しかし飼育下のネズミたちになんでも食べさせていては、太りすぎたり、栄養バランスの悪化からなにかの病気になったりしてしまいます。適切な食生活を送らせるのは飼い主としての責任でもあります。

　実験動物としてのネズミの食事については研究されていますが、ペットのネズミの食事については、どの個体にも当てはまる決定的な方法が存在するわけではありません。個体差もあります。さまざまな情報のなかから、「わが家のベスト」の食事を考えていってほしいと思います。

主食と副食をバランスよく

　この本では、ネズミの食事内容は「主食」と「副食」に分けて考えます。

　主食はペレット（固形飼料）です。ペレットはさまざまな原材料を粉砕して固めてあるものなので、栄養バランスに優れています。単品の食材を多種類与えても、ネズミが選り好みをすれば栄養は偏ってしまいます。ペレットを食事の中心にすることをおすすめします。

　そのほかに副食としてさまざまな食材を与えましょう。ペレットの種類によっては不足する栄養を摂らせるためばかりではありません。人と同じように味を感じることができ、好奇心もあるネズミにとっては、さまざまなにおい、味、食感などの異なるものを食べるのは楽しいことかもしれません。副食には、栄養面と精神面の両方を充足させることが期待できます。

　多くのネズミはペレット以外の食べ物のほうが好きですから、副食を与えながら「大好物」を探しておくことも大切です。コミュニケー

カラッ

主食

副食

食事が副食に偏らないようにしなくてはなりません。

ション手段として、また、食欲が落ちているときの助けになったり、投薬時に使うなど、副食が役に立つこともあるでしょう。固形飼料ではなく自然食を与えるほうが、活発な摂食行動をとったり、迷路学習能力が高くなるという研究もあります。

飼い主にとっても、旬の食材を選んだり、与えてよいものなら人の食べ物をおすそわけできるなど、楽しみでもあるかと思います。

ただし、せっかく栄養バランスのよいペレットを主食にしているのなら、副食で栄養バランスが崩れないように注意が必要です。食事に占める副食の割合は、10%あるいは20%とされています。

与え方の基本

食事は、その種の活動時間に合わせて新しいものを与えます。夜に与える場合で、朝までに食べきってしまうようなら、一日の食事を夜と朝の2回に分けて与えてもいいでしょう。その場合、活動時間に与える分を多めにします。

参考までに、マウスに高脂肪食を夜間のみ与えた場合と一日中食べられるようにした

場合を比べたところ、食事の時間を制限したほうが、肥満が防止できたり運動能力が向上するといった研究もあります。

多頭飼育している場合、全員の食事を一度に与えようとすると、弱い個体が十分に食べられないおそれもあります。何皿かに分けて与えるなどして、すべての個体がきちんと食べられるようにする工夫も必要です。

なお、成長期や妊娠中などはより多くの栄養価が必要になります（110ページ参照）。

与える量は観察しながら加減して

食事を与える量は、次のページからネズミの種類別に紹介していきますが、目安と考えてください。ライフステージや性別、活発さ、温度や湿度などによっても異なります。実験動物では、系統による差もあります。実際に与える量や内容は、個体の体格を見ながら加減し、痩せすぎたり太りすぎたりしないようにしましょう。

食べ方の個性も見る必要があるでしょう。大粒のペレットを一粒まるまる食べるネズミもいれば、少しかじっただけでやめて、ほかのペレットをかじるネズミもいます。10gのペレットを与えても10g分、食べてくれないこともあるわけです。そうした個体には多めに与えるといったことも必要かもしれません。

また、食べ物を寝床に隠す個体もいます。食べてほしいものをきちんと食べているか確認するようにしましょう（水分の多い食べ物の食べ残しは放置せずに片付けてください）。

ポイ
ポイ
カジ

ペレットの食べ方にも個性が出ます。

新しい食べ物を与える場合

　新しい食べ物を与えるときは少しずつ与えるようにしましょう。急に大量に与えると腸内のバランスが崩れて下痢をするなどのおそれがあります。

　ペレットを切り替えるときは、以前から与えているものを少し減らして、新しく与えるペレットを少し加えていき、その割合を徐々に増やしていくようにして切り替えます。

「食べ物探し」を取り入れよう

　野生下では、食べ物は探さないと見つけることができません。食べ物を探すことはネズミの本能的な行動でもあります。日頃の食事に「食べ物探し（探餌行動）」を取り入れるのも楽しいでしょう。

　主食はきちんと食器に入れて適切な量、食べられるようにしつつ、副食のうち水分の少ない食べ物を床材に隠したり、わら製のおもちゃの隙間に押し込んでおいたりします。いろいろな方法が考えられるでしょう。

マウスの食事

マウスの食事のポイント

　マウスはやや植物食傾向の雑食性の動物です。ペレットを中心にした食事を与えます。活発な動物なので、副食にはエネルギー源となる穀類を中心に植物性の食べ物を与えるほか、動物質の食べ物も補助的に与えるといいでしょう。

　基本的には夜行性なので、食事は夜に新しいものを与えます。常にケージ内に食べるものがあるようにしておくといいでしょう。食べきってしまうようなら一度に与える量を増やすなどしてください。ただし栄養バランスを考え、太らせすぎないことには注意しましょう

注）以下に示す給餌量などは基本的には成体の実験動物でのデータです。ペットとして飼育されているマウスは運動量がより多く、消費するエネルギーも多いと考えられますので、示す数値よりも多めに与えてよいかと思われます。

ペレットは適切な量を食器に入れてあげましょう。

一日に与える食事と水の量

体重100gあたりフード15g（体重が30gならフード4.5g）といわれています。100gあたり12gとする資料もあります。この場合のフードは固形飼料のことです。

一日に飲む水の量は、体重100gあたり水15mL（体重が30gなら水4.5mL）といわれています。

マウスに必要な栄養価

タンパク質と脂質に関してさまざまな資料に記載されています。おおむねタンパク質は16%以上、脂質は5%ほどです。ただしタンパク質に関しては14%以上とするものから多いものでは20%までばらつきがあります。

ちなみにペットのネズミによく用いられている実験動物用飼料（長期飼育用）ではタンパク質は16.5%、よく用いられている市販のハムスター用フードでは23%となっています。

炭水化物のうち糖質は一般的にはペットフードの成分表示に記載されません（可溶性無窒素素と書かれている場合もあります）。繊維質は多すぎないほうがいいとされ、2〜5%とするデータがあります。

実験動物に実験動物用飼料を給与している場合、エネルギー要求量は食べ物1gにつき3.9kcal（代謝エネルギー）とされています。体重30gのマウスに1日に4.5gの食べ物を与えるなら、そこには17.55kcalのエネルギーが含まれている必要があるということになります。

注）代謝エネルギーは、食べたもので摂取したエネルギーから糞便や尿として排泄されるエネルギーを差し引いたもの。ペッ

トフードにカロリーが記載されているものがありますが、一般には代謝エネルギーが書かれています（「ME」と書いてあることもあります）。

ラットの食事

ラットの食事のポイント

ラットは雑食性の動物です。ペレットを中心にした食事を与えます。活発な動物なので、副食にはエネルギー源となる穀類を中心にさまざまなものを与えましょう。野生のドブネズミでは胃内容物の半分以上が動物質という研究もあります。

おやつ！？

うれしい食事中！

目新しいペレットを拒絶することがあります。

夜行性で、一日の摂食量の80％以上は夜間に食べているというデータもあります。

食事は夜に新しいものを与えます。ケージの中に食べ物がなにもない状態は作らないほうがいいでしょう。ラットは一日に何度にもわたって少しずつ与えないと6時間で胃は空になっているという資料もあります。食べきってしまうようなら一度に与える量を増やすなどしてください。ラットは太りやすく、肥満には悪影響も多いので、適切な食事を心がけて肥満にならないようにしましょう。

また、ラットは目新しい食べものを拒絶する「新奇恐怖」の傾向が強いようです。ペレットを切り替えるときは慎重に行いましょう。

注）以下に示す給餌量などは基本的には成体の実験動物でのデータです。ペットとして飼育されているラットは運動量がより多く、消費するエネルギーも多いと考えられますので、示す数値よりも多めに与えてよいかと思われます。

一日に与える食事と水の量

体重100gあたりフード5〜10g（体重が300gならフード15〜30g）といわれています。この場合のフードは固形飼料のことです。

一日に飲む水の量は、体重100gあたり水10mL（体重が300gなら水30mL）といわれています。

ラットに必要な栄養価

タンパク質と脂質に関してさまざまな資料に記載されています。おおむねタンパク質は14％とするものから20％以上とするものまであり、脂質は4〜5％ほどです。ただしタンパク質に関しては24％とするものもあり、ばらつきがあります。

ちなみにペットのネズミによく用いられている実験動物用飼料（長期飼育用）ではタンパク質は16.5％、よく用いられている市販のハムスター用フードでは23％となっています。

炭水化物のうち糖質は一般的にはペットフードの成分表示に記載されません（可溶性無窒素物と書かれている場合もあります）。繊維質は多すぎないほういいとされ、2〜5％とするデータがあります。

実験動物では、代謝エネルギーを少なくとも1gあたり3.6kcal含む適切な飼料を好きなだけ食べられるようになっていると、ラットの成長や維持に必要なエネルギー要求量を満たすとする資料があります。

スナネズミの食事

スナネズミの食事のポイント

　スナネズミは植物食傾向の強い雑食性の動物です。ペレットを中心にした食事を与えます。野生下では昆虫も食べているので、副食には動物質のものも少し加えるといいでしょう。盲腸が十分に発達していないので、野生下では繊維質の少ない食べ物を食べているのではないかとする資料もあります。

　また、脂質の影響を受けやすく、なかでもコレステロールの摂りすぎには注意が必要です。コレステロールの多い食材には鶏卵やうずらの卵などがあります。

　飼育下のスナネズミは昼夜に関係なく活動しており、採食時間も定まっていないと観察されていますが、食事は時間を決めて与えるようにします。食欲があるかどうかなど生活のリズムが観察しやすいでしょう。

注）以下に示す給餌量などは基本的には成体の実験動物でのデータです。ペットとして飼育されているスナネズミは運動量がより多く、消費するエネルギーも多いと考えられますので、示す数値よりも多めに与えてよいかと思われます。

一日に与える食事と水の量

　体重100gあたりフード5〜10g（体重が60gならフード3〜6g）といわれています。この場合のフードは固形飼料のことです。一日15gとする資料もあります。

　一日に飲む水の量は、4〜10mLといわれています。

スナネズミに必要な栄養価

　タンパク質と脂質に関してさまざまな資料に記載されています。おおむねタンパク質は14%とするものから20%とするものまであります。ペットのネズミによく用いられている実験動物用飼料（長期飼育用）ではタンパク質は16.5%、よく用いられている市販のハムスター用フードでは23%となっています。

　脂質は2〜5%までありますが、脂質が4%以上では血中コレステロールレベルが高くなるとする資料もあります。

　実験動物に実験動物用飼料を給与している場合、エネルギー要求量は体重100gにつき平均36〜40 kcal（総エネルギー）とされています。体重が60gなら21.6〜24kcalが必要ということになります。

注）総エネルギーは、食べたものすべてのエネルギーのことです。

食べ物を上手に持って食べます。

年齢や状況による食事

成長期

大人よりも多い栄養要求量

　成長期は体が健全に発育するためのとても大切な時期です。維持期（大人の時期）よりも栄養要求量が高く、体を作るためのタンパク質を多く必要とします。栄養が足りないと体の成長が遅れたり、十分に育たないといったことが起こります。

　子どもは体が小さいので、食べられる量は少ないですが、体重あたりのエネルギー必要量は大人よりも多いのです。これはほかの動物でも同様です。特にラットのオスはメスに比べて成長が早く、3〜7週齢のオスは成体の約2倍のエネルギー量が必要だとする資料もあります。

　成長期には、維持期よりも高タンパクなペレットが必要です。適切なペレットをいつでも食べられるようにしておいてください。

　成長期に食べる量の目安としては、表「ライフステージ別の推定平均食物摂取量」のようなデータがあるほか、5週齢で体重

生後16日齢のラット。

100gのとき一日15g、7〜8週齢（体重200g）から18週齢（体重400g）の間は一日約25gを食べている（ラット）とする資料もあります。

　なお、これは実験動物でのデータですので、活動量がより多いペットのネズミではより多く食べることが推察できます。

　成長期用の食事から維持期用の食事への切り替えは、3ヶ月がひとつの目安です。ただし、成長速度には個体差があります。すべてのネズミが同じタイミングで切り替えられるわけではありません。

　成長期にはこまめに体重を測定し、急激に増えていた体重の増加がゆるやかになったあたりで維持期用の食事への切り替えを行い始めます。

【ライフステージ別の推定平均食物摂取量(g/日)】

種	成長期	成体	妊娠中	授乳中
マウス	3–5	5–7	6–8	7–15
ラット	8–25	25–30	25–35	35–65

"Nutrient requirements, experimental design, and feeding schedules in animal experimentation" より

食事の習慣づけの時期

　成長期は、よい食習慣をつける時期でもあります。まず、主食であるペレットを食べる習慣をつけてください。ペットショップなどから迎えるのもこの時期が多いでしょう。ペットショップで与えていたペレットと同じものを与え、別の種類に変更したいときは徐々に切り替えていきます。ペレットを食べる習慣が身についたら、いろいろな食べ物を少しずつ与え、食べられるものの幅を広げていくといいでしょう。大人になってから目新しい食べ物を与えても警戒して食べないこともあります。

高齢期

　ネズミは、生後1年半をすぎるとそろそろ高齢期にさしかかると考えられます。高齢期の食事をどのようにするかは個体差も大きく関わります。

　食事や栄養面では、不活発になる個体では、若いときと同じ食事だと肥満になることがあるという点に注意が必要です。与える量を減らすのではなく、低タンパクなペレットに切り替えたり、ペレットの切り替えが難しい個体では、副食の栄養価を見直すなどが必要となります。

　食事内容をコントロールする場合でも、それによって必要な栄養素が足りないことのないよう、ペレット中心の食生活が望まれます（高齢ネズミの飼育管理は223ページも参照）。

妊娠期・授乳期

　妊娠中や授乳中は、母となるネズミの栄養要求量が高くなるため、高タンパクで高カルシウムな食事が必要となります。妊娠中には胎子のための栄養も必要ですし、授乳中には十分な量の母乳を作り出したり、子どもたちの世話にもエネルギーが必要になるからです。栄養不足の食事を与えていると、妊娠中に胎子が大きく育たなかったり、母乳の分泌量が少なくなり、子どもたちを育てることもできません。

　高タンパクなペレットを与えるほか、動物性タンパク質も十分に与えることでカルシウムも多く摂取させましょう。

　妊娠中のラットには、維持期よりも10〜30％多いエネルギーを必要とし、維持期よりも10〜20％多く食事を摂るという研究や、授乳中のラットは授乳中ではないメスの2倍から4倍のエネルギーを消費し、子どもの数が多ければより多くのエネルギーが必要となるという研究があります。

　この時期の食物摂取量については左ページの表も確認してください。

2歳半を過ぎても、元気にペレットを食べます。

授乳中のスナネズミママ。

ネズミの主食と副食

主食（ペレット）

ネズミにはペレットを主食として与えましょう。

「ペレット」の意味は、なにかを集めて固めた状態のもののことで、固形飼料のことだけを指す言葉ではありませんが、ここでは、さまざまな原材料を集めて固めた固形飼料、ペットフードのことを総称してペレットと呼びます。いろいろな動物がそれぞれ必要とする栄養をバランスよく摂取できるように作られているものです。

日本国内ではラット用、マウス用、スナネズミ用のペレットは簡単に入手できないものが多く、実験動物用飼料やハムスターフードが選択肢となることが多いでしょう。

ペレットは一種類に限らず、数種類に食べ慣れさせておくのもいいことです。与えていたペレットが入手できなくなることや、どうしてもいつもと違うペレットを与えねばならないこともあるかもしれません。日頃からいろいろなペレットに慣れておけば、異なる種類のペレットを与えてもすぐに受け入れてくれることが多いと考えられます。

どうしてもペレットを食べない個体もいますが、その場合はさまざまな食材をバランスよく与えましょう。ペレットを食べてくれると助かる場面もあるので（入院させたり人に預けるとき、連れて帰省したり、万が一の避難のさいなど、生の食材を用意するのが困難なとき）、できるかぎりペレットに慣れてもらうようにしてください。

硬さの違い

ペレットにはソフトタイプとハードタイプがあります。ソフトタイプは製造過程で高温加熱するためデンプン質が消化しやすい状態になっています。また、気泡を含むために砕けやすいのが特徴です。ハードタイプは圧縮して固めたものです。通常、ハードタイプは直径12mm程度、長さ15〜20mm程度あり、マウスのような小柄なネズミには大きすぎて食べにくいことがあるため、砕いて与える場合もあります。

表示の確認

ペレットを選ぶさいには表示をチェックしましょう。日本国内で販売されているドッグフードやキャットフードには原材料を量の多い順に表示すること、成分としてタンパク質、脂質、繊維、灰分、水分の含有量を表示すること、賞味期限を表示することなどのルールがありますが、犬猫以外のペットフードにはルールはありません。しかし最低限でも、原材料、成分、賞味期限の記載があるものを選びましょう。

原材料は、何がどのくらい入っているかまではわかりませんが、植物性の原材料が多いのか、動物性の原材料が入っているのかなどが確認できます。ドッグフードやキャットフードでは添加物もすべて記載することになっているので、それに準じて記載のある小動物用ペットフードもあります。

成分表示は、ネズミの種類に応じて選びましょう（114〜115ページ参照）。

実験動物用飼料

　実験動物として飼育管理されている動物（マウス、ラット）のためのペレットです。厳密な基準で作られていて、これと水だけ与えていれば健康に飼育できるという「総合栄養食」です。飼料としての信頼性はきわめて高いといえます。

　一般の飼い主が実験動物用飼料を入手するには、一部のペットショップが小分けして販売しているものを購入することになりま

す。実験動物用飼料には飼育用、繁殖用、長期飼育用などの種類がありますが、ペットショップで流通しているのは主に飼育用（MFと書かれていることもある）か長期飼育用（CR-LPF）です。

　なお、小分けする段階で空気に触れ、劣化が始まっているのは避けられません。商品の回転の早いショップでできるだけ近い時期に小分けしたものを購入し、購入後の自宅での保管にも注意して、なるべく早く使い切るようにしましょう。

【よく利用されている実験動物用飼料の栄養価(100g当たり)】

	粗タンパク質 (g)	粗脂肪 (g)	粗繊維 (g)	カロリー (kcal)
飼育用　（MF）	23.1	5.1	5.1	5.1
長期飼育用　（CR ~LPF）	16.5	3.9	3.9	3.9

海外の専用フード

　アメリカやイギリス、オーストラリアといった海外ペットフードメーカーではラット用やマウス用といった専用フードを販売しており、日本国内で入手できるものもあります。メーカーのホームページで原材料や成分、製品のコンセプトなどを確認したうえで、納得のいくものがあれば購入を検討してもいいのではないでしょうか。

　日本国内に正規代理店があれば、国内で購入できます。正規代理店がない場合には、直接その国のペットショップやネットショップなどから輸入するという方法がありますが、ほしいときにすぐ届かない、時間がかかるといった問題点もあります。

　日本国内で購入するとき、注意したいのは並行輸入品の場合です。暑熱環境のなか、時間をかけて輸送されるなど、ペットフードの品質が落ちていたり、賞味期限があまり残っていないといったこともあるので、あらかじめよく確認してください。

ハムスターフード

　ネズミに与えるペレットとして、最も入手しやすいのはハムスターフードです。多くの種類があり、適切なものであればネズミの主食として十分です。実験動物用飼料や海外の専用フードをメインで与えている場合でも、日本で広く流通しているハムスターフードにも慣らしておくと安心でしょう。

　ハムスターフードとして販売されているもののうちクッキータイプは、脂質や糖質が多すぎる場合が多く、主食には向いていません。

　ペレット単体ではなく、乾燥野菜や種子類などがミックスされているハムスターフードもありますが、好きなものだけしか食べないということもあるので注意が必要です。

※ペレットは同じ製品でも粒の大きさには誤差のある場合があります。

成分の「粗」と「以上」「以下」とは?

　成分表示に「粗(海外のペレットではcrude)」と書いてあるのは、成分分析の精度を示していて、純粋な成分以外のものも含まれているという意味です。

　また、タンパク質と脂質はエネルギー源になるなど栄養上必要なので、最低でもこれだけは保証しますという意味で「以上(min)」と表示されています。繊維質と灰分は、表示の値よりも多いとその分カロリーが低下するなど必要な栄養が摂取できなくなるので、最大量を示すという意味で「以下(max)」と表示されています。

実物大

ハムスターフード
ハードタイプ (フィード・ワン)

成 分			
粗たん白質	23.0% 以上	水分	10.0% 以下
粗脂肪	3.0% 以上	カルシウム	1.0% 以上
粗繊維	5.0% 以下	リン	0.7% 以上
粗灰分	8.0% 以下	カロリー	330kcal/100g

実物大

ハムスターフード
スペシャルソフトタイプ
(フィード・ワン)

成 分			
粗たん白質	23.0% 以上	水分	10.0% 以下
粗脂肪	4.0% 以上	カルシウム	1.0% 以上
粗繊維	5.0% 以下	リン	0.9% 以上
粗灰分	8.0% 以下	カロリー	310kcal/100g

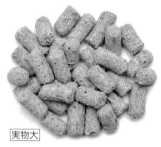

実物大

ハムスターセレクション

（イースター）

成　分			
たんぱく質	16.0% 以上	カルシウム	0.7% 以上
脂質	6.0% 以上	リン	0.5% 以上
粗繊維	6.0% 以下	代謝エネルギー	
灰分	7.0% 以下		360kcal 以上 /100g
水分	10.0% 以下		

実物大

ハムスタープレミアムフード

ゴールデンハムスター専用

（GEX）

成　分			
たんぱく質	16.5% 以上	カルシウム	0.5% 以上
脂質	2.0% 以上	リン	0.5% 以上
粗繊維	4.0% 以下	エネルギー	
灰分	5.0% 以下		346.9kcal/100g
水分	10.0% 以下		

実物大

ハムスター・プラス

ダイエット・メンテナンス

（三晃商会）

成　分			
粗たん白質	18.0% 以上	カルシウム	0.6% 以上
粗脂肪	5% 以上	代謝エネルギー	
粗繊維	6.5% 以下		360kcal/100g
粗灰分	7% 以下		
水分	10.0% 以下		

2021 年 2 月発売

ファンシーラットフード

（三晃商会）

実物大

成　分			
粗たん白質	18.0% 以上	カルシウム	1.0% 以上
粗脂肪	4.0% 以上	リン	0.7% 以上
粗繊維	3.0% 以下	エネルギー	
粗灰分	4.0% 以下		380kcal 以上 /100g
水分	10.0% 以下		

副食

副食・野菜

　野菜はビタミンやミネラルが豊富で、新鮮なものを入手しやすい食材です。旬の時期には栄養価も高まります。水分が多い野菜は、一度にたくさんは与えないほうがいいでしょう。流水でよく洗い、傷んだところは取り除いて与えましょう。

アブラナ科ばかりにしない

　アブラナ科のコマツナ、キャベツ、チンゲンサイ、カブ、ダイコンなどには甲状腺障害を起こす成分が含まれていることや、一方でがんの抑制作用があることも知られています。これらばかり大量に与えなければ問題ありません。

加熱で甘くなる

　サツマイモ、カボチャ、ニンジンはふやかすと甘味が増します。簡単につぶせて、強制給餌や投薬時に利用できます。時々与えて食べ慣らしておいて。

キャベツ

コマツナ

ニンジン

カボチャ

トマト

サラダ菜

【野菜の栄養価（100g当たり）】

	エネルギー (kcal)	水分 (g)	タンパク質 (g)	脂質 (g)	利用可能炭水化物 (g) ※1	繊維質 (g) ※2	灰分 (g)	カルシウム (mg)	リン (mg)
カブ葉	20	92.3	2.3	0.1	—	2.9	1.4	250	42
カボチャ	91	76.2	1.9	0.3	17.0	3.5	1.0	15	43
キャベツ	23	92.7	1.3	0.2	3.5	1.8	0.5	43	27
コマツナ	14	94.1	1.5	0.2	0.3	1.9	1.3	170	45
サツマイモ	140	64.6	0.9	0.5	31.0	2.8	0.9	40	46
サラダ菜	14	94.9	1.0	0.2	0.7	1.8	1.0	56	49
トウミョウ	27	90.9	3.8	0.4	—	3.3	1.0	34	61
トマト	19	94	0.7	0.1	3.1	1.0	0.5	7	26
ニンジン	39	89.1	0.7	0.2	5.9	2.8	0.8	28	26
ミズナ	23	91.4	2.2	0.1	—	3.0	1.3	210	64

『七訂食品成分表』より　　※1 利用可能炭水化物は、人のもつ消化酵素で消化できるもの（デンプン、ブドウ糖、果糖など）の総称
　　　　　　　　　　　　　　※2 繊維質は水溶性と不溶性の合計。人の消化酵素では消化できないもの

☆そのほかにアシタバ、クレソン、セリ、ダイコン葉、トウモロコシ、パセリ、ブロッコリー、ミツバなども与えられます。

副食・果物

果物はビタミンが豊富です。糖質が多く嗜好性はとても高いですが、与えすぎは肥満の原因です。リンゴなどはよく流水で洗い、バナナなどは皮をむき、傷んだところは取り除きます。人が食べるときに種を捨てるものは同様の下処理を。

d-リモネンに注意

柑橘類やマンゴーに含まれるd-リモネンという成分は、オスのラットで腎臓への悪影響があることがわかっています。大量に与えなければ問題ないとする情報もありますが、果物にはほかにも種類があるので、わざわざ与えなくてもいいでしょう。

ブドウ中毒

犬では「ブドウ中毒」が知られています。ブドウやレーズンを食べたあとで急性腎不全を起こし、死亡することも少なくありません。原因についてはまだはっきりわかっていません。ネズミでは問題ないと思われますが、心配なら与えないほうがいいでしょう。

リンゴ

ブルーベリー

バナナ

キウイフルーツ

イチゴ

カキ

【果物の栄養価（100g当たり）】

	エネルギー (kcal)	水分 (g)	タンパク質 (g)	脂質 (g)	利用可能炭水化物 (g) ※1	繊維質 (g) ※2	灰分 (g)	カルシウム (mg)	リン (mg)
イチゴ	34	90.0	0.9	0.1	6.1	1.4	0.5	17	31
カキ	60	83.1	0.4	0.2	13.3	1.6	0.4	9	14
キウイフルーツ	53	84.7	1.0	0.1	9.8	2.5	0.7	33	32
サクランボ	60	83.1	1.0	0.2	—	1.2	0.5	13	17
スイカ	37	89.6	0.6	0.1	(7.6)	0.3	0.2	4	8
ナシ	43	88.0	0.3	0.1	8.3	0.9	0.3	2	11
バナナ	86	75.4	1.1	0.2	19.4	1.1	0.8	6	27
ブルーベリー	49	86.4	0.5	0.1	(8.6)	3.3	0.1	8	9
メロン	42	87.9	1.0	0.1	9.5	0.5	0.6	6	13
リンゴ	61	83.1	0.2	0.3	13.1	1.9	0.2	4	12

『七訂食品成分表』より

※1 利用可能炭水化物は、人のもつ消化酵素で消化できるもの（デンプン、ブドウ糖、果糖など）の総称
※2 繊維質は水溶性と不溶性の合計。人の消化酵素では消化できないもの

☆そのほかにモモなども与えられます。

副食・ハーブと野草

　ハーブや野草は、薬効があるものとして人々に親しまれてきました。安全だとわかっているものならネズミにも与えられます。ただし、人が料理にハーブを利用するときに少し分けたり、公園などで摘んだ野草を与える程度にしておきましょう。

ミント

イタリアンパセリ

タンポポ

シロツメクサ

【ハーブと野草の栄養価（100g当たり）】

	エネルギー（kcal）	水分 (g)	タンパク質 (g)	脂質 (g)	利用可能炭水化物 (g)※1	繊維質 (g)※2	灰分 (g)	カルシウム (mg)	リン (mg)
スペアミント※3	44	85.6	3.29	0.73	8.41	（食物繊維 6.8）	2.03	199	60
タンポポ（葉）※3	45	85.6	2.7	0.7	9.2	（食物繊維 3.5）	1.8	187	66
ナズナ	36	86.8	4.3	0.1	―	5.4	1.7	290	92
バジル	24	91.5	2.0	0.6	(0.3)	4.0	1.5	240	41
ヨモギ	46	83.6	5.2	0.3	―	7.8	2.2	180	100

『七訂食品成分表』より

※1 利用可能炭水化物は、人のもつ消化酵素で消化できるもの（デンプン、ブドウ糖、果糖など）の総称
※2 繊維質は水溶性と不溶性の合計。人の消化酵素では消化できないもの
※3 「米国農務省国立栄養データベース」より（炭水化物は差引き法による）

☆そのほかにワイルドストロベリー、ハコベ、オオバコなども与えられます。

乾燥タイプの食材

　野菜や果物、ハーブ、野草は、ペット用に乾燥させたドライタイプも市販されています。毎日の食事にも取り入れられます。日持ちするので防災グッズに入れておくこともできます。同量の生の食材と比べると水分が減っている分、糖質や繊維質が多くなっています。与えすぎに注意しましょう。

　天日干しをしたりフードドライヤー（食品乾燥機）を使って家庭で乾燥野菜などを作ることもできます。保存するさいは乾燥剤を入れて密閉保存し、水分を含んでカビが生えないようにしてください。

乾燥ニンジン

乾燥ブロッコリーの葉

副食・穀類と豆類

　穀類はネズミのエネルギー源です。人の食用の雑穀類やペット用の穀類など選択肢も多くあります。豆類にはタンパク質が多いものと炭水化物が多いものがあります。

米（炊いた米）

殻むきエン麦

ソバの実

豆腐

押し麦

ゆでトウモロコシ

【穀類と豆類の栄養価（100g当たり）】

	エネルギー (kcal)	水分 (g)	タンパク質 (g)	脂質 (g)	利用可能炭水化物 (g) ※1	繊維質 (g) ※2	灰分 (g)	カルシウム (mg)	リン (mg)
エンバク※3		11.3	粗タンパク質9.8	粗脂肪 4.9	糖質 61.0	粗繊維 10.3	粗灰分 2.7	0.07	0.31
エンバク（オートミール用）	380	10.0	13.7	5.7	63.1	9.4	1.5	47	370
大麦※3		11.5	粗タンパク質10.6	粗脂肪 2.1	糖質 69.0	粗繊維4.4	粗灰分 2.3	0.06	0.37
大麦（押し麦）	340	14.0	6.2	1.3	71.2	9.6	0.7	17	110
小麦※3		11.5	粗タンパク質12.1	粗脂肪 1.8	糖質 70.5	粗繊維2.4	粗灰分 1.7	0.05	0.36
炊いた米	168	60.0	2.5	0.3	38.1	0.3	0.1	3	34
木綿豆腐	72	86.8	6.6	4.2	0.7	0.4	0.8	86	110
ゆでトウモロコシ	99	75.4	3.5	1.7	(13.5)	3.1	0.8	5	100
ゆで小豆	143	64.8	8.9	1.0	19.8	11.8	1.1	30	100
ゆで大豆	176	65.4	14.8	9.8	1.6	6.6	1.6	79	190

『七訂食品成分表』より

※1 利用可能炭水化物は、人のもつ消化酵素で消化できるもの（デンプン、ブドウ糖、果糖など）の総称
※2 繊維質は水溶性と不溶性の合計。人の消化酵素では消化できないもの
※3 日本標準飼料成分表より

副食・種実類

　ナッツなどの種実類はネズミの大好物のひとつです。コミュニケーションをとるときに便利ですし、多く含まれるビタミンEには抗酸化作用があるなどよい面もあります。しかし脂肪分も非常に多いため、与えすぎには注意してください。

自家製種の使用は早めに

　カボチャの種はネズミ用に与えることもできます。わたを残さないようよく洗ってから十分に乾燥させ、乾燥剤と一緒に保存して早めに与えます。カビが生えたら捨ててください。

油分や味付きは禁止

　種実類は人の食材としても販売されています。油で揚げてあったり、塩味などの味が付いているものはネズミには与えないようにしてください。

ヒマワリの種

クリ

カボチャの種

アーモンド

ピーナッツ

クルミ

【種実類の栄養価（100g当たり）】

	エネルギー(kcal)	水分 (g)	タンパク質(g)	脂質 (g)	利用可能炭水化物(g) ※1	繊維質(g) ※2	灰分 (g)	カルシウム(mg)	リン (mg)
アーモンド (乾)	587	4.7	19.6	51.8	5.5	10.1	3.0	250	460
クリ (生)	164	58.8	2.8	0.5	33.5	4.2	1.0	23	70
クルミ (いり)	674	3.1	14.6	68.8	2.8	7.5	1.8	85	280
ひまわり種 (乾)※3	584	4.73	20.78	51.46	20	8.6	3.02	78	660
ピーナッツ (乾)	562	6.0	25.4	47.5	10.8	7.4	2.3	50	380

『七訂食品成分表』より　　　※1 利用可能炭水化物は、人のもつ消化酵素で消化できるもの（デンプン、ブドウ糖、果糖など）の総称
　　　　　　　　　　　　　　※2 繊維質は水溶性と不溶性の合計。人の消化酵素では消化できないもの
　　　　　　　　　　　　　　※3「米国農務省国立栄養データベース」より（炭水化物は差引き法による）

副食・動物質

　動物質の食材は、動物性タンパク質やカルシウムのよい供給源になります。昆虫類のほかに、人と共通の食材を与えることもできます。生の肉や魚は味付けなしでゆでたものを与えるようにしてください。ジャーキーや煮干し、チーズなどはペット用を。

ミールワームの与え方

　ミールワームはカルシウムとリンのバランスが悪いので、頻繁に与えるなら、プラケースで乾いたパン粉などを床材として飼い、ドッグフードや煮干し、野菜くずなどを与えて栄養価を高めてから与えます。生きた虫を扱うのが苦手なら乾燥タイプや缶詰タイプもあります。

ネズミはチーズ好き?!

　ネズミはチーズ好きという印象がありますが、2006年にイギリスで「実は好きではない」という研究が行われました。ところがその後、別の研究でラットやマウスは固形飼料よりチーズが好きということがわかりました。特にカマンベールチーズが好きだとか。ただしチーズは脂肪分や塩分が多いので与えすぎは禁物です。

ミールワーム

ペット用煮干し

ゆでたササミ

ゆで卵

ヨーグルト

ドッグフード

【動物質の栄養価（100g当たり）】

	エネルギー (kcal)	水分 (g)	タンパク質 (g)	脂質 (g)	利用可能炭水化物 (g) ※1	繊維質 (g) ※2	灰分 (g)	カルシウム (mg)	リン (mg)
カッテージチーズ	105	79.0	13.3	4.5	0.5	(0)	1.3	55	130
まだら（生）	77	80.9	17.6	0.2	—	(0)	1.2	32	230
ゆでたササミ	125	70.6	27.3	1.0	—	(0)	1.1	4	220
ゆで卵（全卵）	151	75.8	12.9	10.0	(0.3)	0	1.0	51	180
ヨーグルト	62	87.7	3.6	3.0	3.9	(0)	0.8	120	100

『七訂食品成分表』より　　※1 利用可能炭水化物は、人のもつ消化酵素で消化できるもの（デンプン、ブドウ糖、果糖など）の総称
　　　　　　　　　　　　　※2 繊維質は水溶性と不溶性の合計。人の消化酵素では消化できないもの
　　　　　　　　　　　　　※3 生の白身魚はゆでたものを与えてください
☆そのほかにコオロギ、ペット用ジャーキー、ゴートミルクなども与えられます。

与えてはいけないもの

人にとって毒性のある食べ物だけでなく、人が問題なく食べている身近な食材のなかにも、ネズミに与えると健康上の問題を引き起こすものもあります。十分に注意してください。挙げている症状には犬や猫、人のものも含みます。

毒性のあるもの

◎チョコレート

テオブロミンなどの成分により、嘔吐、下痢、興奮や、昏睡、死亡することも。

◎ジャガイモの芽と緑色の皮

ソラニンやチャコニンという成分により、吐き気や下痢、重度になると神経症状も。

◎ネギ類

アリルプロピルジスルフィドという成分が赤血球を破壊します。元気がなくなる、下痢、貧血や血尿などが見られます。

◎アボカド

ペルシンという成分により、嘔吐や下痢、肺のうっ血、乳腺炎なども。

◎果物の種子

バラ科サクラ属に属する果物の種子アミグダリンという中毒成分により、嘔吐や肝障害、神経障害などを引き起こします。

◎輸入ナッツ類などのカビ毒

輸入ナッツ類などからアフラトキシンというカビ毒が検出されることがあります。検疫時の検査対象となるので通常、遭遇することはないですが、与える前に目視で確認を。

そのほかに注意が必要なもの

◎牛乳

牛乳に含まれる乳糖を分解できず、下痢をすることがあります。山羊ミルクは下痢をしにくいとして知られています。

◎アクが強いもの

人が食べるために調理するさいアク抜きするような野菜は避けたほうがいいかもしれません。ホウレンソウは栄養価が高い緑黄色野菜ですが、カルシウムの吸収を阻害するシュウ酸という成分（アクの原因）が多く含まれるので避けたほうがいいといわれます。

◎人の食べるもの

人の飲食のために調理されたものには、塩分や糖分、油脂、香辛料などが使われています。お菓子やジュース、惣菜などはネズミには与えないでください。人の食べ物で与えてもいいのは、調理前の食材や、味付けをしていないものだけです。コーヒーやアルコール類も与えてはいけません。

◎熱すぎるもの、冷たすぎるもの

ネズミのためにゆでたり、冷凍しておいたものは、常温に近くなってから与えましょう。

飲み水について

水は動物が生きていくために欠かせないものです。動物の体は半分以上が水分です（マウスだと66%、ラットだと65%）。飲み水は必ず用意してください。スナネズミはあまり水を飲まないですが、飲みたいときに飲めるようにしておく必要があります。

妊娠中や授乳中、温度が高いとき、水分の少ない食べ物を食べているときは水の要求量が高まります。水分が足りないと、食べる量も減ってしまいます。

飲み水の与え方

給水ボトルを使うのが衛生的です。排泄物や床材、食べかすなどで水を汚すことがありません。給水ボトルを飲みやすい位置にセットしたら、きちんと水が出ているか、水漏れしていないか、ネズミが水を飲めているかを確認しましょう。

水は飲みたいときに飲めるようにしておきます。

初めて給水ボトルを使うときは、飲み口をつついて水を出し、水が出ることを教えると飲み方を理解することが多いでしょう。飲み口に果物の汁を少しつけて興味をもたせることもできます。給水ボトルから飲むのが苦手だったり、飲みにくそうにしているようなら、お皿やタンク式の給水ボトルを使うといいですが、汚れやすいのでこまめな水の交換をしてください。

どんな水を与えるか

● 水道水をそのまま与える

日本の水道水には衛生上、細かな規定があるので、そのまま与えることができます。水質基準では「体重50kgの人が毎日2L、70年間飲み続けても健康に影響がない」ことが基準になっています。ただし水道水そのものに問題がなくても水道管や貯水タンクの影響で水質が悪くなってしまうことはあります。

水道水には塩素が残っているため、塩素のにおい（カルキ臭さ）が気になる場合もあるでしょう。そのときは浄水器を使ったり、汲み置き、煮沸といった方法があります。

● 浄水器

蛇口に取りつけると、活性炭や特殊な膜によって水道水を濾過し、塩素やトリハロメタンなどを除去することができます。手軽に使えるポット式もあります。カートリッジの交換は早めに、ホースなどの掃除はこまめに行いましょう。

●ウォーターサーバー

近年はウォーターサーバーを設置する家庭も増えてきました。ミネラルウォーター、RO水(特殊なろ過をした純水)、RO水にミネラル分を添加したものが一般的です。ウォーターサーバー用の水が軟水であることを確認してください。

●ミネラルウォーター

ミネラルウォーターを与える場合は、ミネラル含有量が多い硬水ではなく軟水を与えてください。

●湯冷まし

やかんや鍋でお湯を沸かし、沸騰したら蓋を開け、換気扇を回しながら10分以上、弱火で沸騰させます。塩素のほかにトリハロメタンなどの有害物質が除去できるといわれます。煮沸後は常温に冷ましてから与えてください。

●汲み置き

水道水を、なるべく口の広い容器(ボウルなど)に入れ、一晩、放置することで塩素が抜けます。太陽光線に当てたほうが、効果があるともいわれます。

ミネラルウォーターは軟水であることを確認。

汲み置きは、太陽に当てたほうが効果的。

湯冷ましは、煮沸後に常温にまで冷まします。

硬水と軟水

水はミネラル分(カルシウムとマグネシウム)を基準にして硬水と軟水に分けることができます。WHO(世界保健機関)の基準では1Lあたり硬度120mg以上が硬水、120mg以下が軟水です。日本では一般に硬度100mg以下を軟水といいます。

日本では、水道水の硬度の目標値10～100mg、東京都の水道水は平均60mg、よく飲まれているミネラルウォーターのひとつは30mg程度なので、水道水や軟水のミネラルウォーターを与える分には問題ありません。

ただし、結石があるなどカルシウム摂取に注意が必要な場合は、かかりつけ獣医師によく相談してください。

【食事編】

ネズミの食事に工夫しているみなさんからお話を伺いました!

【CASE1】元気いっぱい!「お給餌ご飯」処理班　はやてんのさん(スナネズミ)

　腫瘍ができ、食欲が著しく低下したスナネズミの給餌にシリンジを使い、余った「お給餌ご飯」の処理班に、元気いっぱいの食いしん坊3人組を任命したのがシリンジ食の始まりでした。

　ベジタブルサポートやバイタルチャージのような介護用の粉末飼料が主ですが、介護されるスナネズミも処理班の面々も大変気に入り、競い合うように、シリンジを抱えて嬉しそうに食べていました。実際に、処理班経験のあるスナネズミたちが介護を必要とするタイミングになったとき、保定の必要もなくシリンジを向けるだけで進んで口にしてくれることは大変助かりました。腫瘍の切除手術の後などは小さな体を保定するのもためらわれますし、介護のさいのストレスをいくらかでも軽減してあげることにもなるのではと思います。そっぽを向いてしまうお薬も、大好物の「お給餌ご飯」に混ぜて与えることができました。

体調が悪くても上手に食べました。

元気いっぱい食いしん坊の一人です!

【CASE2】
愛情こめた出汁スープで水分補給!
MIOMORIさん(ラット)

　高齢になってから水をあまり飲まない時期があったので、私が働いていたお店のドッグメニューを参考に出汁スープを作ったのがきっかけです。出汁スープは、塩分無使用の粉末出汁(茅野舎のあごだし)をお湯で溶いたものに、にばし、野菜、サプリなどを加えて与えています。初めてあげたとき、目を輝かせながら飲んでいました。積極的に水分補給をしてくれるようになり、ゆで野菜も食べてくれるようになって本当によかったです。

この日はβカロテンたっぷりスープ。体を温めて、整腸・食欲増進する野菜を入れています。 湯／10ml
粉末だし／ひとつまみ 人参／適量 せり／適量

【CASE3】わが家のネズミ用クッキーの作り方　沼田出穂さん（ラット）

❶ 小麦粉（薄力粉）と、きな粉を3対2の割合で混ぜる（写真1）。

❷ 水を少しずつ入れて混ぜ、手でよくこねる。クッキーを硬く仕上げるため、水の量はできるだけ少なくして、生地を手でこねたときに「やっとまとまる」程度にします。普通のクッキー生地よりもかなり硬く、パサついた状態です。

❸ 麺棒で薄くのばして、厚さ2mm程度にします（写真2）。

❹ 包丁で格子状に切れ目を入れます（1cm角ぐらい）。この切れ目を入れておかないと、生地の中が焼ける前に焦げてしまいます（写真3）。

❺ 生地をアルミホイルに乗せ、まずはオーブントースターで焼いていきます。焦げやすいので短時間ずつ焼きます（写真4）。

　　1回目：1100wのオーブントースターで4分焼く。いったん数分間冷ます（焦げないように様子を見つつ）。

　　2回目：1100wのオーブントースターで2分焼く。

❻ クッキーの水分を飛ばすために何度か電子レンジ加熱します。クッキーの下にはキッチンペーパーを敷きます。水分を吸い取ってくれます。

　　レンジ1回目：500wで2分加熱（こちらも焦げないように様子を見つつ）。クッキーを取り出し、レンジ内の水分を拭き取る（写真5）。キッチンペーパーを取り替える。

　　レンジ2回目：200wで2分加熱。クッキーを取り出し、レンジ内の水分を拭き取る。キッチンペーパーを取り替える。

　　レンジ2回目の工程を水分が飛んでカラカラになるまで数回（わが家ではだいたい3回）繰り返す。

❼ クッキーがカラッと乾いたら出来上がりです（写真6）。

※ご家庭によってオーブントースターや電子レンジの仕様が違うと思いますので、様子を見ながら少しずつ焼いて頂ければよいかなと思います。

【CASE４】体調や好みに合わせた自家製ペースト　サンバイザーさん（ラット）

　写真のペーストはキャベツ、チンゲンサイ、ニンジン、サツマイモ、鶏肉（猫用ウエットフード・無添加のもの）。これらはすべて少量ずつ、目分量です。

　家にあった野菜を使用するので、その都度材料が変わります。カボチャ、ブロッコリー、リンゴ、ハクサイ、マグロ（油の少ない赤身）、ブリなど。毛づやを上げたいときはサーモン（無塩）、カロリーや食いつきを上げたいときは炊いたお米を混ぜたりもします。逆にカロリーを減らしたいときは根菜をやめて葉物野菜だけでヘルシーにしたりなどです。

　適当に切って少な目の水で煮て（写真1）、野菜が柔らかくなったらフードプロセッサーでペースト状にし（写真2）、製氷皿に入れて冷凍します。毎回使う分だけ解凍しています（写真3）。

　うちの子は全員肺炎もちで、朝晩に与える粉薬とサプリメントをペーストに混ぜています。豆腐も混ぜるとよく食べてくれます。またペレットが穀物オンリーなので、これで動物性タンパク質の摂取にもなります。

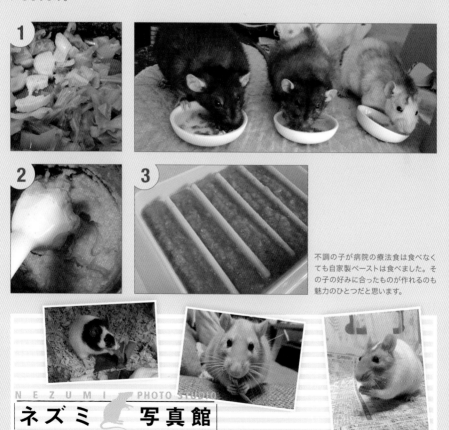

不調の子が病院の療法食は食べなくても自家製ペーストは食べました。その子の好みに合ったものが作れるのも魅力のひとつだと思います。

NEZUMI　PHOTO STUDIO
ネズミ　写真館
【モグモグ編】

わが家の工夫 【ペレット以外の副食編】

みなさんに副食を教えてもらいました。
p116から121に載っていなかったものをご紹介します!

鳩の餌　麻の実　生牧草　粟穂　パセリ　高野豆腐を細かく切ったもの
焼き芋　米　ピーマン　野菜フレークをペースト状に練ったもの　サヤインゲン
粟　ミックスベジタブルのコーンとグリンピース　チモシー一番刈り　小魚
マイロ　炊いた玄米　ダイコン（葉も含め）　小エビ　パスタ（スパゲッティやマカロニ）
麩　もち麦　ビーポーレン　干し肉　油・味なしの焼いた肉（ヒレ肉、レバー）
ゆでもやし　乾燥エビ　ブロッコリー　ディビア　ジャガイモ　ゆでた鶏ムネ肉
味付け前の納豆　クコの実　カッテージチーズ　ベビーフード　稗（ひえ）

※加工食品は塩分など無添加のものを選びましょう。

NEZUMI PHOTO STUDIO
ネズミ 写真館
【モグモグ編】

ネズミの世話

日々の飼育管理の基本

毎日行う世話

適切な飼育管理を行うことで、ネズミの健康を守ることができたり、病気の早期発見ができたりします。ペットとしてネズミを飼っていれば多くの場合、人の生活空間でネズミも暮らしているので、ネズミの飼育環境を衛生的に維持することは、人の生活を快適にすることにも繋がります。よいコミュニケーションがとれればネズミのストレスは少なくなり、飼い主も幸せを感じることができるでしょう。

毎日の世話の一日の流れは決めておくといいでしょう。ある程度は規則的な暮らしのほうが体内時計のリズムが乱れません。体内時計が整っていることは、体内で起こるさまざまな機能に影響を与えます。また、「いつもはこの時間に活発なのに今日は元気がないな」といった体調の変化にも気づきやすいでしょう。

一般的には、夜行性のマウス、ラットの主要な世話は夜に行います。スナネズミの場合は夜でなくてもかまいませんが、時間帯は決めておきましょう。

毎日の世話の一例

世話の内容、時間や手順は飼育しているネズミの種類や頭数、ケージの数、飼い主のライフスタイルなどによって各家庭で異なります。

※詳細は次ページ

朝

❶部屋のカーテンを開けて明るくする。　【1】

❷健康状態を目視で確認。　【9】

❸排泄物のチェックと汚れた床材の交換。　【2】

❹前の晩に与えた食事の食べ残しを確認、必要に応じて食事と水を追加。　【3】

飼い主が外出する前

❶天気予報をチェック、気温に応じてエアコン設定。　【4】

夕方〜夜

❶ネズミをキャリーケースに移して、ケージの掃除をする。　【5】

❷ケージ掃除をしながら、ケージ内の点検をする。　【6】

❸コミュニケーションの時間。　【7】

❹ケージから出す場合は室内のチェック。　【8】

❺遊びながら健康チェックを行う。　【9】

❻ケージから出して遊ばせたときはケージに戻す。　【10】

❼食事と水を与える。　【11、12】

❽消灯。部屋の電気を消して暗くする。　【13】

【1】昼夜の区別をつける

人の体内時計は24時間より長いので、朝日を浴びることでリセットさせる必要があるといわれます。ラットの体内時計も24時間より長く、マウスでは24時間より短いことがわかっています。体内時計のリズムを整える（24時間周期にする）ためには、朝には明るくなり、夜は暗くなるという環境が欠かせません。

【2】排泄物のチェックをする

メインの世話を夜に行う場合でも、夜のうちに排泄した糞尿の状態のチェックを朝に行いましょう。汚れた床材（トイレ砂）は捨てて新しいものに交換します。特に尿臭のきついマウスではこまめな交換がいいでしょう。スナネズミは尿量が少ないので、一日1回でもいいかもしれません。

【3】食べ残しチェックと補充をする

食べ残しが多くないか、食べているものに偏りがないかなどを確認します。野菜など水分の多い食べ残しは捨て、傷んだものを食べてしまわないようにしましょう。食べきってい

る場合は、必要に応じて補充を。給水ボトルの水が少なくなっていたら補充します。

【4】留守中の温度設定をする

外出するときは、天気予報で留守中の予想気温を確かめ、必要に応じてエアコンの設定をしたり、巣材を増やすなどの対策を行いましょう。

【5】ケージ内の掃除をする

ケージ内の掃除をするときは、ネズミをいったんキャリーケースなどに移動させておきましょう。排泄物で汚れた床材（トイレ砂）を捨てて新しいものに交換します。排泄物の状態もチェックします。

トイレ容器、回し車などのグッズは、陶器製やプラスチック製のものであれば、舐めても安全なペット用の除菌消臭剤などを使って拭き掃除します。除菌消臭剤は、排泄物などの汚れを取り除いてから使うのが効果的です。

木製のグッズを拭き掃除したときは、しっかり乾いてからケージに戻してください。

金網ケージで底網を使っている場合は、

食べ残しはないか、よく見てあげましょう。

毎日、汚れた床材は捨てて、補充しましょう。

底のトレイ部分に落ちている排泄物や食べかす、巣材などを捨て、除菌消臭剤で拭き掃除します。

【6】ケージ内の点検をする

掃除をしながらケージ内を点検し、ネズミのケガなどの原因になるものがないことを確認しましょう。布製品を使っている場合は、かじった跡がないか、ほつれているところがないかなどを確認します。布をかじる癖がついた場合は、布製品の使用は避けたほうが賢明です。ほつれがあると爪が引っかかるので新しいものに交換したり修繕してください。

巣箱の中に食べ物を持ち込む習性があるなら巣箱内を点検し、水分の多い食べ物があれば取り除きます。

【7】ふれあうひとときは大切

コミュニケーションの密度はネズミの種類や個体差によっても違いますが、それぞれに応じたコミュニケーションの時間や運動の時間は必要です。（詳しくは第7章）

【8】部屋遊びは安全チェックをしてから

ケージから部屋に出して遊ばせるときは、危ないものが出たままになっていないか、窓が開いていないかなどを確認してから。（詳しくは第7章）

【9】健康チェックも日々の世話の一環

病気の早期発見のため、また、現在の飼育環境が適切なものかを判断するためにも、毎日の健康チェックは欠かせません。ネズミとの日常生活のなかに健康チェックを取り入れましょう。（詳しくは第8章）

【10】遊び終わったらおうちに帰そう

ケージから出して遊ばせていた場合は、ほどよい時間でケージに戻してください。そのさい、追いかけ回して捕まえようとすると危ないので気をつけて。（詳しくは第7章）

【11】食器と給水ボトルを洗う

夜行性のネズミには、夜に与える食事が「メインディッシュ」です。ペレットを中心にした適切な食事と飲み水を与えましょう。（詳しくは第5章）

食器は複数個用意しておいて、夜の食事のたびに交換を。使い終わった食器は軽く洗って乾かしておきましょう。脂肪分の

それぞれに応じたふれあいが必要です。

安全であることを確認してから部屋遊びをしましょう。

多い食材やべたつく食材を与えている場合は、食器用洗剤で洗ったあと十分に洗い流します。給水ボトルは、ボトル本体に水を入れて振り洗いをするほか、飲み口から食べ物のかすが逆流していることがあるので、ノズル部分に流水を流し入れながら飲み口の先端をつつき、ノズル内もきれいに。

【12】ペレットはしっかり保管

ペレットは開封すると劣化が始まります。空気、光、温度や湿度が劣化の原因となるので、開封後は乾燥剤を入れ、日の当たらない涼しい場所で保管するのが基本。日々、ペレットを与えたあとは、できるだけ中の空気を抜くようにしながら口をしっかり密閉して保管しましょう。

【13】暗い時間をきちんと作る

リビングなど人の生活する部屋にケージを置いていることも多いかと思います。そうなると夜遅くまで明るいこともあるでしょう。【1】で説明したように夜は暗くする必要があります。部屋の電気を消せばよいのですが、それが難しいときはケージにあたる光をさえぎるようにしましょう。ケージにカバーをかけて暗くすることも

できますが、ネズミがカバーをケージ内に引っぱりこんでかじるおそれがあります。ダンボールなどで周囲を覆う方法も考えられます。

毎日の世話のポイント

日常の掃除は「小ぎれい」程度で

衛生面でも健康管理面でも、また、人の快適な生活のためにも掃除は欠かせません。

ただし、ネズミのにおいが消えてしまうほどきれいにしすぎると、ネズミが不安になりますし、攻撃的になったり、かえって尿でのにおいつけを多くするおそれがあります。動物を飼育している以上、多少なりともにおいがするのはしかたありません。

感染症の治療をしているなど特別な理由がないなら、日常の掃除は過剰にしすぎず、ほどほど。「小ぎれい」くらいがちょうどいいでしょう。

世話に注意が必要な時期

ネズミを迎えた直後や、妊娠中、子育て中の世話には注意してください。

ペレットの袋はしっかり閉じて涼しい場所で保管。

ネズミの住まいを暗くしてあげることも必要。

迎えたばかりのネズミにとっては、まずは自分のにおいのする空間にして安心したい、というときです。妊娠中や子育て中の母親は非常に神経質になっています。手早く世話を行うようにし、むやみにケージ内をいじくりまわさないようにしましょう。（妊娠中の世話について詳しくは第8章）

ケージが複数ある場合の順番

迎えたばかりで家庭内検疫中のネズミや感染症の治療中のネズミがいる場合には、健康状態に問題のないネズミのケージから先に世話をするようにしてください。

迎えた時期や健康状態に違いがない場合でも、世話の順番を決めておけば万が一のときに感染ルートを推測することができるでしょう。

世話のあとは手洗いを

世話をしたあとは必ず石鹸を使って手洗いをしてください。ネズミの糞便は乾燥しているため、つい指でつまんでしまうという方も少なくないでしょう。ネズミに触れたり、汚れた床材を経由して感染する病気（皮膚糸状菌症など）もあるので、必ず手洗いを。

におい対策について

排泄物の掃除をこまめに行う、日常の掃除では消毒剤を使う、汚れた飼育グッズはまめに交換、洗浄する、ケージを洗うときには歯ブラシなどを使って隅々まで洗うほか、室内の掃除や換気もにおい対策になります。

室内で遊ばせている場合、排泄物が部屋に落ちていたり、金網タイプのケージだとケージ周囲が汚れたりします。窓を開けて換気することも大切です（ネズミの脱走に注意）。におい対策のほか、人の健康管理にも役立ちます。掃除のほかに空気清浄機や脱臭機も効果的です。

時々行う世話

頻度は目安です。汚れ具合や飼育頭数などによって異なります。

1〜2週間に1回程度

●食器と給水ボトルの洗浄

食器を食器用洗剤で洗います。

ボトルの内側はブラシでこすり洗いをします。ペットの給水ボトル用のブラシや、人の水筒用のブラシなどがあります。ブラシが硬すぎるとボトルの内側に傷がつき、雑菌繁殖の温床になるので注意してください。パーツに分解できる給水ボトルは分解して洗います。殺菌消毒には、人の乳児用の哺乳瓶消毒剤を使うと安全性が高いでしょう。

●床材の交換

床材を交換します。すべてを新しくして

ヨイショ…！

しまうと、自分のにおいがないことで不安を感じるので、少しだけ交換前の床材を取っておいて戻すといいでしょう。

● 体重測定

健康チェックの一環として、定期的に体重測定を行って記録しておきましょう。

月に1回程度

● ケージ全体を洗う

ケージ内のグッズを取り出して、ケージ全体を洗いましょう。汚れやにおいが取れれば水洗いでも問題ないですが、洗剤を使うときは食器用洗剤を用い、洗剤が残らないよう十分に洗い流してください。洗ったあとはしっかり乾かしてから飼育グッズを戻します。

● 飼育グッズを洗う

汚れたりにおいがついた飼育グッズは洗いましょう。においがなくなりすぎないよう、ケージ全体を洗うときとは異なるタイミングで洗うといいでしょう。木製品は水洗い、プラスチック製品や布製品は食器用洗剤で洗ってからよく洗い流します。木製品や布製品は天日干しして乾かすといいでしょう。

いつでも適切なときに

● 季節対策の準備

季節が変わる前に、次の季節の準備を始めましょう。エアコン内の掃除は人の健康のためにもなります。寒くなる前にはペットヒーターの点検もしておきましょう。

● 健康診断

年に一度は動物病院で健康診断を受けておきましょう。

● 新しい刺激の導入

時々、新しいおもちゃを取り入れるとよい刺激になるでしょう。

1〜2週間に1回行う

食器を洗剤で洗う

給水ボトルの内部はブラシで

床材の交換。少しだけ交換前の床材を戻す

月に1回程度行う

体重測定

ケージ全体を洗う

季節対策

どんな季節も快適な環境を

ネズミを飼育するのに推奨される温度と湿度は以下のとおりです。

	温度(℃)	湿度(%)
マウス	24〜25	45〜55
ラット	21〜24	45〜55
スナネズミ	18〜22	30〜50

"Ferrets, Rabbits and Rodents: Clinical Medicine and Surgery（4th Edition）" より

日本で飼育している限り、ほとんどの地域で、夏にエアコンなしで飼育することは非現実的といえるほどの猛暑になりますから、エアコンは必須といえるでしょう。

冬に関しては住宅の構造によっても対策が異なります。気密性の高い住宅なら極端に寒くなることはないですが、断熱性の低い住宅だと寒くなります。

どういう場合であれ、ネズミが自分で快適な場所を選んで住むことはできないのだということを考え、家庭ごとに適した温度管理を行いましょう。

くつろぐ姿に癒されます。

設定温度ではなく温度計で確認を

エアコンの設定温度を25℃にしたとしても、ネズミがいる場所の温度が25℃になるとは限りません。夏、日当たりのよい部屋の水槽タイプのケージの中はもっと暑いかもしれませんし、冬、床の上に置いたケージの中は寒いかもしれません。エアコンの設定温度や人の体感ではなく、必ず温度計や湿度計で確かめてください。

暑さ対策

- エアコンを使うのが最もよい方法です。
- エアコンからの風がケージに直撃しないようにしましょう。
- 窓のそばなど直射日光の当たる場所にケージを置かないようにします。
- ケージを水槽タイプから金網タイプに変えると風通しがよくなります。
- ケージ内にペット用の冷却ボード類や素焼きの植木鉢などを置くと、その上でネズミが涼をとることができます。
- 水槽タイプでは内部の温度や湿度が高くなり、不衛生になりやすいので排泄物の掃除はこまめに行います。
- 食べ物や水の腐敗に注意を。食べ残しは早く取り除きます。塩素を抜いた水道水も傷みやすいので、室温が高い場合はまめに交換しましょう。
- 巣箱や隠れ家を用意しておき、エアコンでケージ内が涼しくなりすぎたときに逃げ込めるようにしましょう。

- エアコンが故障などで使えない場合、密閉された部屋で高温多湿になることを避けてください。風の流れを作って空気がこもらないようにするため、扇風機を回し、窓を開けたり（防犯に注意）、換気扇を回します。

寒さ対策

- ネズミのいる部屋の温度によって、エアコンでの室内暖房のみ、ペットヒーターでケージを暖めるのみ、エアコンとペットヒーターを併用するなどの対策を行います。
- 暖房を入れている場合、温かい空気は軽いので上昇します。床近くにあるケージには暖かい空気が届きにくいので、扇風機を天井に向けて回し、空気をかき回すと部屋の低い部分にも暖かさが伝わります。
- ケージを金網タイプから水槽タイプに変えると保温性が上がります。
- ネズミが自分で暖かい巣を作れるよう、巣材を十分に入れてあげましょう。
- 暖房を使っていると湿度が下がります。加湿器を使うなどして適度な湿度を維持しましょう。

ネズミが自ら巣を作れるよう、十分な量の巣材を入れます。

【ペットヒーターについて】

- ペットヒーターを使う場合は自己判断せず、説明書きをきちんと読み、事故のないように使用してください。
- ペットヒーターは実際にネズミに使う前に電気を通し、どの程度の暖かさになるか確かめておきましょう。
- 水槽タイプのケージでは、ペットヒーターでケージ全体を暖めすぎてネズミの逃げ場がなくなることのないようにしてください。
- ペットヒーターの電気コードをかじることがあります。ケージ内に設置するタイプは保護カバーのついているものを選んだり、自分で保護カバーをつけてガードしてください。コードをかじられたペットヒーターは火災のリスクがあるので使わないでください。

そのほかの季節対策の注意点

- 梅雨時は、除湿機やエアコン（ドライ設定）を使い、湿度が上がらないようにしてください。特にスナネズミは、マウスやラットよりも低い湿度が必要です。
- 春や秋は、一日の中での寒暖差が大きい季節です。朝は涼しかったのに昼間は暑くなることもあるので、昼間に家を留守にする場合は、天気予報の確認やエアコンのタイマー設定などで温度管理をしましょう。
- 高齢や幼いネズミ、妊娠中や子育て中のネズミ、病気をしているネズミにとっては寒すぎるのも暑すぎるのも負担になります。注意深く温度管理を行いましょう。

そのほかの世話

ネズミの留守番

1泊以上、家を留守にするときは、留守にする期間などに応じていくつかの方法があります。予定があるときは早めに準備しましょう。特に、ペットシッターやペットホテルなど予約が必要な施設は、年末年始、大型連休、夏休みなどには混雑が予想されます。

ネズミだけで留守番

1～2泊程度なら、ネズミだけで留守番させることが可能です、ただし、ネズミが健康なこと、日常からペレットのような傷みにくい食べ物を与えていること、給水ボトルから水を飲めていること、温度管理が確実にできていることなどが条件です。生野菜は避け、ペレットを多めに用意する(ケージの底が金網の場合は複数の食器に入れ、金網の下に食べ物を落とすリスクを軽減)、給水ボトルを落とす癖があるなら複数のボトルをセットする、といった

準備をします。温度管理はエアコンが安全です。

世話をしに来てもらう

ペットシッターあるいは知人に世話をお願いすることもできるでしょう。留守にする日数が長いとき、高齢のネズミやあまり仲のよくない多頭飼育など時折様子を見てもらいたい場合、あるいは、エアコンはつけていても停電が心配だったり、万が一温度管理ができないときのリスクが高い真冬や真夏などには安心できます。

最低限の世話だけを頼むこと、食べ物や床材などの消耗品は十分に用意しておくこと、緊急時の連絡先を必ず伝えておくことなどが必要です。

ネズミを預ける

ペットホテルや知人に預かってもらうこともできます。ペットホテルを利用する場合、価格やチェックインなどの時間のほか、そもそもネズミも預かる対象になっているか、ケージや

環境を整えれば、1～2泊程度の留守番はできます。

食べ物などは持参する必要があるか、犬や猫などの捕食動物とは別の部屋で預かってもらえるかなどを確認しましょう。

ペットショップや動物病院で預かってもらえる場合もありますが、顧客やかかりつけ限定の場合もあるので確認してください。

ネズミなどなにか動物を飼育している知人に頼む場合には、その家庭の動物との接触がないようにしてもらいましょう。お互いの動物のケガや病気の感染を防ぐためです。

連れて出かける

負担のかからないよう準備を

動物病院への通院などでネズミを連れて出かけるときは、なるべく負担がかからないように準備しましょう。真夏や真冬は特に注意が必要です。できれば夏場は日中を、冬場は早朝や夜間の移動を避けるようにします。

帰省などに連れていく場合

通院以外のネズミ連れの外出は、移動ストレスや脱走を防ぐ観点からおすすめしません。ただし帰省など、行った先での飼育管理がある程度適切にできそうな場合は、連れていくことも可能でしょう。小型のケージをあらかじめ送っておいたり、常備しておいてもらうなど、ネズミもゆっくり過ごせるような準備をしておきましょう。クマネズミなどの家ネズミが出没する家では、絶対に接触することがないよう気をつけてください。また、念のために近所にネズミを診てもらえる動物病院があるか調べておくと安心です。

キャリーケースでの移動

キャリーケースには床材を厚く敷き、移動時の衝撃が吸収できるようにしてください。水漏れを防ぐため給水ボトルは使わないようにします。移動時間が長くなるときは、水分の多い葉物野菜を入れておくこともできます。

寒い時期はキャリーケースを防寒性の高いバッグに入れて移動しましょう。使い捨てカイロを使う場合は絶対にキャリーケース内に置かないようにしてください。通常、使い捨てカイロは空気中の酸素と反応して暖まるしくみのため、閉鎖空間だと酸欠になるおそれがあります。また、かじってしまう危険もあります。キャリーケースをバッグに入れたうえで、キャリーケースの外側に使い捨てカイロを置くようにしましょう。

暑い時期は金網タイプのキャリーケースを使ったり、冷たすぎないようタオルで巻いた保冷剤をキャリーケースの外側に置くなどします。短い時間なら、冷えた飲み物の缶・ペットボトルでも代用になるでしょう。

帰省先でもネズミが快適に過ごせる環境を。

トイレを教える

ケージ内での排泄場所が一定なら掃除もしやすく、におい対策や衛生対策にもなります。トイレの場所を教えてみましょう。ただし覚えてくれるかどうかは個体差があります。

通常、排尿は隅のほうにする習性があります。ケージの四隅のどこかにトイレ容器を起き、トイレ砂を入れます。その上に、尿のついたティッシュペーパーを置き、尿のにおいで「ここがトイレ」だということを理解させます。トイレ以外の場所で排泄をしたら、においが残らないようにきれいに掃除します。

どうしても設置したトイレ以外の場所に排尿をするなら、その場所にトイレ容器を置けばいいでしょう。決まった場所に排尿するなら、そこにトイレ砂だけ敷く方法もあります。

なお、便はあちこちですることがよくあります。

尿のついたティッシュをトイレに置いてあげます。

グルーミング

ネズミにグルーミングは必要?

犬や猫などに行うグルーミングには、ブラッシング、シャンプー、爪切り、耳掃除、歯磨きなどがありますが、ネズミの場合には原則的にはどれも不要です。

爪切りについて

場合によって必要なもののひとつは爪切りです。爪の先端は鋭いのが普通ですが、狭い隙間に引っかけるなどネズミの生活に支障があるほど伸びすぎたときには爪切りを行います。家庭で行うのが難しいときは無理をせず、動物病院でお願いしてもいいでしょう。

シャンプーについて

体に汚れがついたときは、シャンプーするのではなく、固く絞った濡れタオルで体を拭いてあげてください。汚れがひどい場合に大人のラットに限ってシャンプーしてもいいでしょう。自分や同居個体の排泄物、分泌物などがついている、毛づくろいをあまりしないので汚れがち、などの場合があります。ラットのオスでは、背中の皮膚に黄色〜オレンジ色をした皮脂腺の分泌物が過度にたまることがあるともいわれます。

マウスや幼いラットにはシャンプーは負担が大きいですし、スナネズミは乾燥地帯の動物なので体を濡らすのは禁物です。スナネズミは砂浴びさせることでもある程度は汚れを落とすことができます(なお、皮膚疾患の治療のために獣医師の指示のもとで薬浴する場合は別です)。

シャンプーは、ラットが飼い主に慣れていてうまく扱えることが前提です。ただし普段は慣れているラットでも、はじめてシャンプーされるときは恐怖を感じる場合も多いです。最初はごく浅いお湯に足元だけ浸かるなど

❶爪切りを用意します。小動物用でも人用でもいいですが、自分が使いやすいものを選んでください。

❸先端の鋭く尖っている部分だけをごくわずかに切ります。爪には血管が通っているので、切りすぎると出血しますから、慎重に切ってください。写真はラットの後ろ足。

POINT !

●タオルでネズミをくるんで目的の手足だけ出して爪を切る、あるいは、好物を食べているときに体を触っても嫌がらないような個体なら、好物を食べている間に切る、といった方法もあります。慣れていないネズミの爪切りをひとりでやる場合、洗濯ネットを使った方法もひとつです。目の細かい洗濯ネットに入れたうえでネットを端から巻いていき、ネズミを端に追い込んで動かないようにします。爪の先端だけがネットから出るので、そこを切ります。

●体を押さえつけられるのはネズミにとって嫌なことです。短い時間ですべての爪を切ることができればよいのですが、時間がかかるときは、一日に1本ずつ切るのでもいいでしょう。

❷ネズミが動かないように持ちます。ひとりがネズミを持ち、もうひとりが爪を切るというように、ふたりでやるのがベストです。

（その場で好物を与える方法もあり）、少しずつ慣らすといいでしょう。慣れてきても、短時間で済ませるようにしてください。慣れないうちはお湯の中で排便してしまうこともあります。

　病気を発症しているときや高齢の個体ではシャンプーは避けてください。高齢で毛づくろいがうまくできなくなると体が汚れますが、汚れたところだけをお湯で洗う、濡れタオルで拭く、小動物用のブラシでブラッシングするなどの方法で体をきれいにしてあげてください。

　「ドブネズミは泳ぎが得意」といわれることもありますが、泳がざるを得ない状況だという

だけですから、ラットをいきなり深いお湯に入れたりしないでください。

　シャンプー剤は必須ではありません。お湯で洗うだけで汚れが落ちるならそれでも十分です。

　頻繁にシャンプーすると皮膚が乾燥しすぎるおそれがあります。通常は汚れたら濡れタオルで拭くようにし、時々、お湯で洗うようにしたり（一回おきにシャンプー剤を使うなど）、ケージ内の掃除をこまめにしてラットの体に汚れがつかないようにするなどして、頻繁に洗わなくてもいいようにしましょう。

準備するもの

吸水性のよいタオルを数枚

シャンプーを使う場合（子猫用や人の赤ちゃん用の低刺激性のもの）

洗面器2つ（あるいは洗面台を使う）

プラケースなど（お湯を交換するなどの場合の待機場所として）

そのほかの準備

飼い主は濡れてもいい服装

部屋は暖かくしておく

ケージ内の掃除を済ませておく

❶洗面器に38℃くらいのお湯を張ります（深さ5cmほど）。ラットも飼い主もシャンプーに慣れていなければ浅めに。

❷ラットを入れて体にお湯をかけます。シャンプーを使わない場合は、お湯を何度か替えながら体を洗い、汚れを落とします。片手でラットの体を支え、もう片方の手で洗います。顔にお湯がかからないようにし、あとで濡れタオルで拭くといいでしょう。

❸シャンプーで体をやさしく洗います。あらかじめ泡立てておくか、お湯にシャンプーを混ぜたものを体にかけながら泡立てます。シャンプー剤を直接、体にかけないほうがいいでしょう。体を洗いながら皮膚の異常がないかも軽く確認します。顔は洗わないでください。

❹人の指先で洗うほか、汚れが強いときは、ソフトタイプの歯ブラシや小動物用の小型ブラシなどを使うこともできます。

❺洗面器のお湯を新しいものに何度か替えながら、体についているシャンプーをきれいに洗い流します。空の洗面器にラットを置いて、大きなカップや水差しなどに入れてお湯をかけながらすすいだり、シャワーのお湯ですすぐこともできます。皮膚にシャンプー剤が残らないように十分にすいでください。

❻洗い終わったらタオルの上に乗せて、体をよく拭いてあげましょう。体が濡れたまだと冷えてしまいます。自分でも毛づくろいをして、被毛を整えます。ラットが嫌がらないならドライヤーを使ってもいいでしょう。弱風に設定し、体から離してドライヤーをかけます。

POINT

○洗い終わったら大好物のおやつを与えることで、シャンプーにいい印象をつけられるという意見もあります。

○複数で同居しているラットを洗うときは、病気や高齢などの理由がないなら、同じタイミングで皆を洗ったほうがいいかもしれません。1匹だけにおいが異なると、ケンカのきっかけになるおそれがあります。

○尾を引きずって歩く個体だと、尾が汚れがちです。尾だけを洗うといいでしょう。また、ラットの尾を洗ったり拭くときは、尾の付け根から先端に向かって行うようにしてください。ラットの尾は皮膚がうろこ状になっているので、先端から付け根に向かってこすると、汚れがたまるともいわれます。

多頭飼育

理想は多頭飼育

マウス、ラット、スナネズミいずれの種も、もともと群れを作って暮らしているネズミなので、飼育下でも多頭飼育できるとされています。グルーミングをし合ったり、寄り添って眠ったり、ときには追いかけっこをするなど多様な生活を送ることができます。仲良くできるのなら多頭飼育が理想的です。

ここでいう多頭飼育は、同じケージで同居させることです。一般的には、性成熟する前から同居しているオス同士、メス同士ならうまくいく可能性が高いといわれます。

しかし、多頭飼育のしやすさは種や性別によって異なります。

マウスは多頭飼育しにくい場合がよくあります。特にオスは性成熟するとケンカになる可能性が高いです。

ラットは、オス同士、メス同士いずれも仲良く同居できる可能性が高いといわれています。

スナネズミは、メス同士のほうがケンカになることがあるようです。メスの同居は無理だと断じている資料もあります（同居が成功している事例もあります）。

いずれの種も、オスとメスのペアだと仲良くできる可能性が高いですが、どんどん増えてしまうので、繁殖を目的としているとき以外はおすすめできない組み合わせです。避妊去勢手術をさせれば同居も問題ありませんが、この手術は一般的ではありません。

また、どの種の場合も同居させるなら若いほうがよく、年齢は同じくらいがいいでしょう。あまり高齢になってからの同居は避けてください。

同居が成功するかどうかは個体差も大きく、大人になってからでもマウスのオス同士が仲良くできる場合も、ラットのメス同士でケンカになる場合もあります。

仲のよいラットは寄り添う姿も見られます。

仲良くできると、多頭飼育は理想的です。

多頭飼育の手順の一例

❶お互いのにおいに慣らすため、ケージを並べて置く、お互いのにおいがついた巣材を交換するといったことを数日間、続けます。

❷どちらのケージでもないニュートラルな場所で対面させます。お互いのにおいをかぎあうなどの様子が見られるでしょう。大ゲンカにならなければそのまましばらく様子を見ます。一緒にしている間は、目を離さないこと。万が一激しいケンカになったときは止めてください。そのさい、素手では噛みつかれて大ケガすることがあるので、革手袋を用意しておくといいでしょう。

❸いったんそれぞれの住まいに戻しますが、においのついた巣材の交換とニュートラルな場所での対面を何度か繰り返します。

❹問題なさそうなら、ひとつのケージに入れて様子を見ます。ケージは新しいものか、よく洗ったものを使います。

❺十分なサイズのケージで同居させるまでの間に、小さいケージから少しずつ大きなものにステップアップさせていくとよいともいわれます。最初から大きなケージだと、お互いの存在が遠くなり、いきなり出会うときにケンカをする心配があるからです。

❻同居させるケージ内の飼育グッズも、どちらのにおいもついていない新しいものを使います。巣箱などは複数を用意します。

❼同居を始めたらよく様子を観察し、ケンカごっこではなく本気でケンカするようなら別々にし、時間をおいて最初の手順からやり直します。

❽強い個体と弱い個体がはっきりわかっているなら、弱い個体の住むケージに強い個体を入れるとよいともいわれます。

ケージを並べて置く

ニュートラルな場所で対面

においのついた巣材を交換

交換

新しいケージまたはよく洗ったケージで同居スタート！

多頭飼育は、お互いのにおいに慣らせるところから始めます。

多頭飼育のポイント

- 同居の過程は観察が大事です。飼い主に時間的な余裕があるときに行ってください。
- あらかじめ家庭内検疫（72ページ）を済ませておきます。
- 飼育頭数が多くなればそのぶん、十分な広さのケージが必要です。
- 生後3ヶ月くらいまでは同居まで時間がかからないこともあります。
- きょうだいなどで最初から同居している場合でも、性成熟以降にケンカになる可能性があります。うまくやっているか、よく様子を観察しましょう。
- 飼い主が落ち着いていることが大事だとする資料があります。「ケンカになったらどうしよう」と不安な気持ちをもたないで見守るのも大切なのかもしれません。

- 海外のスナネズミの飼育資料では、目の細かい金網の仕切りで半分に仕切られたケージを使い、姿やにおいに慣らしていく方法（スプリットケージ方式）がよく登場します。時々、場所を入れ替え、最後に仕切りを取り外すという方法です。
- 何度か手順をやってもうまくいかないときは、相性が悪いと思って同居はあきらめましょう。
- すでに多頭飼育しているところに新しい個体を導入するのは困難です。新しい個体が攻撃されてしまいます。
- 1匹だけで飼育する場合、仲間になるのは飼い主です。種に合ったコミュニケーションを十分にとってください。（第7章参照）

考えておきたい、多頭飼育で増える手間

飼育頭数が増えれば、新たなケージ、食べ物や床材などの消耗品、医療費などのお金、世話の時間なども増えます。

多頭飼育することになれば、個々の健康チェックも大変になります。食べ残しがある場合、食欲がないのはどの個体なのか、軟便が落ちている場合、どの個体のものなのか、ストレスを感じている個体はいないかなどを見きわめる必要があります。どうしても仲良くできないとなれば、ひとつでよかったはずのケージがふたつになり、場所も手間もよけいにかかることになります。

こうした点についてもよく考えておきましょう。

多頭飼育の様子はいつでもよく観察。

異種同居は NG

マウスとラット、スナネズミとラットなど、違う種類のネズミを一緒に飼うことはできません。飼育管理方法に違いがあるうえ、ドブネズミでは小型のネズミを捕食することが知られています。

違う種類のネズミを同じケージで飼ってはいけません。

タイピングを
手伝って
くれるの？

モグモグ中…
食べる
横顔が真剣で
かわいい

寝起きかな。
何やら言い
たげな表情が
愛しい！

「シュタッ！」

かわいい足音が
聞こえてきそう

お豆腐に
パクついて
ご満悦のよう
です♪

たたずまいが
戦隊ヒーロー
みたい！

ネズミとの
コミュニケーション

ネズミと仲良くなろう

ネズミを慣らし、信頼関係を作る

　迎えたネズミが落ち着いたら、人に慣らしていきましょう。飼育下でのストレスを軽減し、安心して暮らせるようにするため、人の手に慣らすことで健康チェックなどを行いやすくするため、看護などのケアが必要なときに、ネズミに与えるストレスを少なくするためなどが目的です。もちろん、飼い主としても慣れてくれれば嬉しいものです。

　ネズミは本来、慎重で臆病な動物ですが、賢く、社会性のある動物でもあります。適切な接し方をしていれば、人が怖い存在ではないということを理解してくれるでしょう。

　種による違いはあります。ラットはとてもよく慣れ、「犬よりなつく」と形容されることもあるほどです。マウスとスナネズミもしっかり慣れますが、ラットほどではないかもしれません。

個体差を理解しよう

　個体差もあります。ラットだから必ず慣れるとは言い切れません。優しく扱っても慣れにくい個体もいれば、迎えたらすぐに抱っこできるような警戒心の低い個体もいます。遺伝的に慣れにくい血統もあるでしょう。早すぎる時期に親やきょうだいから引き離されていると不安感や警戒心が強い傾向にあります。一般的には若いネズミのほうが、警戒心が低くて慣れやすいでしょう。

　どうしても慣れない個体や噛みついてくる個体もいます。一つひとつの慣らす手順に時間をかけましょう。少なくとも、人がケージ

に手を入れることがストレスにならない程度には慣れてくれることを目標にしてください。時間がかかっても根気よく愛情をかけ、忍耐強く接しましょう。その個体に応じた信頼関係を作ることが大切です。

ネズミの慣らし方

一般的な慣らす手順の一例

❶環境に慣らす
❷飼い主のにおいや声に慣らす
❸飼い主の手に慣らす
❹飼い主の手にふれたり乗ったりすることに慣らす
❺飼い主からふれられることに慣らす

❶新たな環境にある程度は慣れ、落ち着いてから積極的なコミュニケーションをとっていきます。

❷食事をケージ内に入れるときには名前を呼んだり声をかけたりします。食べるものと飼い主の声が関連している（いいことがある合図）と理解してもらいましょう。名前は、ネズミにとってうれしいことをするときには常に呼んであげてください。

❸ケージに手を入れてもびっくりしなくなってきたら、手から好物を与えてみましょう。最初は好物を指先で持って与え、徐々に

手の平に好物を乗せるようにします。急に手を動かしてネズミをびっくりさせないようにしてください。

　好物を頻繁に与えると慣れやすいですが、糖分や脂肪分の多いものだと肥満の原因になります。ペレットが好きならペレットでもかまいません。「その日に与える分のペレットや野菜などを（食器に入れる代わりに）手から与える」と考えれば、与えすぎにもなりにくいでしょう。

❹手の上に乗らないと食べられない位置に好物を示して（片手の平をネズミの前に出して、もう片方で好物をつまんで示すなど）、手の上に乗るよう誘導します。

　最初は人の手に前足をかけるくらいでもOKとしましょう。

❺好物を食べているときに体をなでてみます。嫌がるときはいったんやめて。体にさわられても怖いことは起きないのだと理解してもらいましょう。徐々になでる場所や時間を増やします。

　手の上で好物を食べているときに、そっともう片方の手で体を包み込むようにしてみるなどしてみましょう。

気をつけたいポイント

❍急に手を出さない

　ネズミから見たら人の体のサイズが圧倒的に大きいことを理解しておきましょう。いきなり手をネズミの頭上から近づけるのは、ネズミにとっては猛禽類に襲われるようなものです。水槽タイプのケージでは一般に、上から手を入れることになりますが、声をかけるなどしてこちらの存在に気づかせてからアプローチしてください。

❍ケージのそばにいて慣らす

　警戒心の強いネズミの場合は、❷あるいは❸の前に「飼い主がケージのそばにいることに慣らす」という手順があってもいいかもしれません。近くにいてもなにも嫌なことは起こらないのだと理解してもらいます。

　ただし金網タイプのケージの場合、金網越しに好物を与えるなどのアプローチはしないでください。金網をかじる習慣がつくおそれがあります。好物を与えるときは必ず、扉を開けてから。

ケージに手を入れて驚かなくなったら、さらに慣れるよう好物をあげてみましょう。

片方の手で持った好物を見せ、もう片方の手の平に乗るように誘導してみましょう。

●リラックスして

どの段階も重要なのは飼い主が「大丈夫かな」と不安にならないことです。緊張すると息を止めてしまうことがあるかと思いますが、普段どおりにして、リラックスしてふれあいましょう。

怖くて嚙みついてくる個体もいますが、飼い主が「手を出して嚙まれたらどうしよう」と思っていると、その不安感や緊張感が伝わるかもしれません。

●怖い思いをさせない

怖い経験をした記憶は忘れにくいことが知られています。怖い思いはできるかぎりさせないようにしてください。

●音やにおいで気づかせる

アルビノのネズミは視力が弱いといわれています。ネズミの前に手を出す前に、声をかけたり音を立てて注意をひいたうえで、人のにおいを感じ、そばに人がいると理解する時間を作ってあげましょう。

食べ物を使わない方法

食べ物を使わずに人の手に慣らす方法が海外の資料で紹介されています。

ネズミをケージ以外の安全な場所、たとえば使っていない水槽や空のバケツなどに移します（ケージ内だといろいろなグッズがあり、気が散るため）。そして、自分の手を静かに差し入れてじっとしている、という方法です。ネズミが人の手に興味をもち、手を怖くないと思うようになり、自発的に手に乗ってきたり、腕を登ってきたりするというわけです。

においで慣らす方法

フクロモモンガやハリネズミなどの嗅覚が非常に発達している小動物で知られている方法です。ネズミの慣らし方のひとつとして海外の資料で紹介されています。巣材となるもの（キッチンペーパーなど）を、肌着の下など飼い主の肌に直接ふれる部分にしばらく入れておいてにおいをつけて、それを巣材として使わせることで、飼い主のにおいに慣らすというものです。

飼い主が緊張していると、ネズミも緊張します。リラックスしましょう。

アルビノのネズミは視力が弱いので、音やにおいで気づかせてあげて。

ネズミのハンドリング（持ち方）

ハンドリングでコミュニケーション！

基本的なハンドリング

　ネズミが手を怖がらなくなってきたら、ハンドリング（持ち方）の練習をしてみましょう。「手に乗ってくる」こととの違いは、ある程度ネズミの動きを制限できるようにするという点です。

　ハンドリングできるようになると、コミュニケーションのほか、移動させるさい、健康チェックや投薬などの健康管理をするさいなどにも役立ちます。

ハンドリングの注意点

☐落下事故を防ぐため、持つことに十分に慣れるまでは、床に座って行うようにしてください。手の中でネズミが暴れているときに立ち上がったり歩いたりすると、高い位置から落下するおそれがあります。

☐ネズミの尾をつかんで持ち上げないでください。状況によっては尾をつかんでネズミを扱うケースもありますが、ネズミとのコミュニケーションには向いていません。特に、尾が被毛でおおわれているスナネズミでは、尾をつかむと、ペンのキャップが抜けるように被毛ごと皮膚が抜けてしまうことがあります。

☐ネズミを驚かさないようにして練習してください。慣れてきていても急に手を出したりつかんだりすると、びっくりして噛んでくることがあります。慣らすときと同様、声をかけるなどしながら行いましょう。

☐ハンドリング中に嫌そうな様子を見せてきたら、いったん放してください。手に持たれることが不快だと思わせないことです。ただし、投薬などネズミの命に関わるような場合など、嫌がっても放さないほうがいい場合もあることは知っておきましょう。

☐まだハンドリングに慣れていないときにネズミを移動させる場合は、無理に手で持たずに、プラケースや筒状のもの（遊び用のパイプなど）に入れて移動させましょう。

慣れないうちは、プラチックのケースやパイプなどを使ってみましょう。

手に乗せる

　マウス、子どものラット、スナネズミに向いています。片手をネズミの前に出し、乗ってきたら持ち上げる方法と、両側からすくうように持ち上げる方法があります。つかまれることに慣れているなら、片手で背中からつかみあげてすぐにもう片方の手の上に乗せることもできます。いずれも、手に乗ったらもう片方の手で背中から包み込むようにします。

手で抱き上げる

　大人のラットに向いています。ネズミの胸元に片手を差し入れて持ち上げるか、背中からつかみあげ、すぐにもう片方の手でお尻、後ろ足を支えます。そのまま自分の胸元につけるようにしたり腕に乗せるようにして支えます。

❶マウスやスナネズミが手の平に乗ってきたら持ち上げる方法。

❶ラットは、胸元から体をすくうように手を差し入れます。

❷マウスやスナネズミの両側からすくい上げて持つ方法。

❷すぐに、もう片方の手でお尻や後ろ足を支えます。

❶、❷のいずれでも、手に乗ったら片方の手で包み込みましょう。

❸手で持つだけでなく、自分の体につけて安定させましょう。

保定の方法

保定とは、動物病院での診察のさいなどに、動物が動かないように持つ方法です。一見、苦しそうに見えるかもしれませんが、適切に行っていれば苦しいことはありません。コミュニケーションをとるための持ち方ではありませんが、家庭での治療や看護のさい、また、しっかりと健康チェックをするさいには知っておくといい持ち方です。機会があれば動物病院で教わっておくといいでしょう。

=== 保定方法の一例 ===

マウス: 親指と人差し指、中指で首筋の皮膚を厚めにつまみます。尾の根元を小指と手の平、あるいは小指と薬指の間ではさむようにして押さえ、後ろ足の動きを安定させます。

マウスの保定方法。首筋の皮膚は厚めにつまみます。

保定をするさいに、人の手に対する恐怖心を起こさせないようにするため、万一噛まれても保定者がケガをしないため、素手で行わずに薄手のタオルなどを手と動物の間にはさんで使うこともあるようです。

ラット: 背中側から人差し指と中指で顎を左右からはさむようにし、他の指で体を支えます。ラットが大きくて中指と人差し指で顎をはさむことができない場合は、背中から親指と人差し指で前足の下を支えます。ラットは体が大きいので、片手で持つだけでは後ろ半身を安定させられないことがあります。もう片方の手で後ろ足を支えるか、後ろ足は台の上に載せるようにして安定させます。

スナネズミ: 背中側から人差し指と中指で顎を左右からはさむようにし、他の指で体をつかみます。

あまり大きくないラットの保定方法。顎と足が動かないように支えます。

体の大きなラットは、下半身を片方の手で支えるか、台の上に載せます。

スナネズミの保定方法。顎と足が動かないように支えます。

ネズミの遊びと運動

ネズミには遊びが必要

　最低限の飼育管理を行っていればネズミはそれなりに健康に生きていくことができます。しかし、ネズミを家族の一員として迎えるなら、生活の質を高めてあげたいものです。そのためにはぜひ「遊び」を取り入れてください。運動量を少しでも増やす助けにもなり、精神的な満足感も得られると考えられます。

　ネズミが遊び好きだということは、特にラットを用いた研究でもわかっていて、仲間と遊んだ場所には長い時間滞在したがったり、（人が相手でも）かくれんぼ遊びを好むことなどが知られています。

　遊びはネズミにとっても「楽しいこと」だといってもいいでしょう。

　ただしケージ内に遊びグッズを設置する場合は、あまりにもたくさんものを置きすぎないようにし、新しいグッズを導入したときは危険がないか様子をよく観察しましょう。「安全であること」が大前提です。

環境エンリッチメントを
叶えるための遊び

　生得的（本能的）に身についているさまざまな行動を再現させましょう。穴掘り、ものをかじる、もぐりこむ、探索などがあります。日のうち多くの時間を過ごしているケージ内に遊びを取り入れ、行動レパートリーを増やしましょう。仲間との遊びもそのひとつです。

　野生下ではよいことも悪いことも含め、日々多くの刺激に遭遇していたと想像されますが、飼育下では変化のない毎日になりがちです。わざわざよくない刺激を与えるべきではありませんが、ネズミの好奇心や探究心をくすぐるよい刺激はあったほうがいいでしょう。

=== たとえばこんなことを ===

床材を厚く敷いて掘れるようにする、かじり木として市販されている木の枝などを用意する、もぐりこめるパイプのおもちゃなどを用意する（マウスやスナネズミにはトイレットペーパーやキッチンペーパーの芯、ラットには塩ビのパイプなども）、好物を

ケージの中でも遊べる工夫を設置してあげましょう。

隠して探させる（床材に埋める、市販のわらで編んだおもちゃに隠すなど）。

相性のよい仲間との同居。時々、新しい遊びグッズを取り入れる。

運動量を増やす助けとしての遊び

ただ飼育するだけなら、狭いケージで遊び道具もなく飼うことはできますが、本来は広い距離を移動する動物です。それと同等の運動を飼育下で行うのは困難ですが、できるだけ運動の機会を作るようにしましょう。

=== たとえばこんなことを ===

ケージを広くする、市販のステージやロフトなどを設置して動きに変化をつける、障害物となるものを置き、移動するさいの運動量を増やす、回し車を設置する。ロープを水平あるいは垂直に取り付けておくと、上手にバランスをとって伝って歩く。

安全が確保できていれば部屋に出して遊ばせる。

ネズミ同士でもよく遊びます。

ネズミの種類による遊びの違い

ラット：ケージ内での運動量を増やすほか、人とのコミュニケーションをとりながら遊ぶのに向いています。後述するようなトレーニング的な遊びをするのもいいでしょう。多頭飼育が可能ならネズミ同士でもよく遊びます。

マウス・スナネズミ：人と積極的に遊ぶというよりは、飼育環境を充実させることで、生活に遊びや運動の要素を取り入れるといいでしょう。

室内での遊びと注意するポイント

近年、小動物を飼育していると部屋に出して遊ばせるという傾向が強いようです。運動量を増やしたいという考えもあるでしょう。しかし、人が生活をするのが前提となっている室内という場所で、人と比べればとても小さな動物を放して遊ばせることには大きなリスクもともないます。

ラットは比較的体が大きい分、室内に出している間の監視がしやすいですが、マウスやスナネズミは考えもしないような隙間に入ってしまうなど、さまざまな事故の可能性も高くなります。

大前提として、ネズミが人に慣れていて、好物を示すなどすれば呼び戻せること、屋外や、安全でない別の部屋に脱走できないようになっていること、部屋の中に危険なものがないこと、狭い場所にもぐりこまないようにしてあることなどが室内で遊ばせられる条件といえるでしょう。

部屋に出さねばならないということはありません。室内では自由にさせず、人の体の上だけ自由に遊ばせたり、目を離さず、テーブルの上だけで遊ばせる、といった方法でもよいでしょう。ペットサークルで遊ぶ場所を限定する方法もありますが、ネズミのサイズや運動能力を考えると、あまり現実的ではないかもしれません。

室内の危険箇所をチェック

● 電気コード

かじって感電したり、漏電して火災を起こすこともあります。電気コードはネズミがふれない場所に通したり、保護チューブを巻く(かじられていないか時々点検を)ようにします。パソコン周辺やテレビの裏など、電気コードやケーブルが多くある場所には近づけないようにしてください。スマートフォンの充電器ケーブルがペットにかじられたという話はよくあります。電話線にも注意を。

● 人の行動

歩いていたら急にネズミが足元に来たのでうっかり踏む、蹴る、また、ラグマットやクッションの下にもぐりこんでいたのに気がつかず踏む、座る、といったことも起こります。部屋に出す前提として慣れていることが必要ですが、その分、人の近くにも寄ってくることが多いので十分に注意してください。ネズミを遊ばせているところでキャスター付きの椅子を

【室内での遊び中の危険】

落ちていたお菓子や薬を食べる

高い所に登ってしまう

電気コードをかじる

人の足で踏まれる

動かすのも危険です。電話や急な来客が
あっても、ネズミを出しているときはあわてて
動き出さないようにしましょう。

● 高いところ
適度な段差があったり、よじ登れるところ
などがあると、思わぬ高い場所(棚の上など)
に登ってしまうことも。カーテンを登ることもあり
ます。しかし、落下すれば大ケガになります。
高いところには登らせないようにしてください。

● 行かせないようにする場所
風呂場や洗面所、トイレなど水回りには
近寄らせないでください(体を洗う必要があるとき
は別です)。たまっている水、洗剤など危険な
ものが多いです。また、台所には水や洗剤
のほか、熱湯、熱した油、食べてはいけな
いものなども多く危険ですし、人の食べ物を
扱うところですから衛生面でもよくありません。
ネズミが服のポケットやフードに入った状
態のまま、遊ばせる場所以外のところに行
かないでください。

● ネズミの目線で点検を
ネズミの目線は床からわずか数cmです。
実際にその高さで部屋を見てみると、家具
の下の隙間、忘れている場所にあった電
気コード、落としたまま忘れていた錠剤、設
置したのを忘れていた粘着シートのゴキブリ
捕り、以前に置いたホウ酸団子など思わぬ
リスクの発見があるかもしれません。

● そのほかの危険なもの
犬や猫などの捕食動物と遭遇させない、
布類がある場合はかじっていないか確認す

る(場合によっては出しておかないなど)ほか、タバ
コの吸い殻、薬剤、お菓子、消しゴム、
ビニール紐、毒性のある観葉植物など、ネ
ズミがかじったときに危険なものは出しておか
ないようにしてください。リモコンのボタンをか
じられた、ということはよく起こります。また、
アンティークの置き物のなかには鉛を含むも
のもあり、なめたりかじったりすると危険です。

一緒に遊ぶ

ラットの研究で「笑い声」が観察されてい
ることについて59ページで説明しましたが、そ
の研究で見られるように、人の手を遊び相
手として追いかけてくるといいます。また、前
述のように人とのかくれんぼ遊びを楽しんで
やっているのではないかという研究もあります。
人によく慣れていれば、ふれあい、かまっ
てあげることがよいコミュニケーションになりま
す。たとえば、耳の後ろや顎の下などを掻
いてあげる、指を動かしてネズミととっくみあ
いごっこをする、片手に好物を隠して両手
を示し、どちらか当てさせる、などがあるで
しょう。
遊びを提供するのも楽しいでしょう。蓋つ
きの紙の箱に好物を隠して探させると、上
手に蓋を開けたりもするでしょう。ダンボール
などで迷路を作る、ダンボールにウッドチッ
プや牧草などを多めに入れた中に好物を入
れるなどがあります。安全であることを前提
に、ネズミの能力を生かすいろいろな遊びを
考えてあげるといいでしょう。

ネズミの学習のしくみ

ネズミにものを教えること

ネズミは学習能力が高い動物です。心理学や行動学などの分野では迷路を用いた研究などもよく行われているほどです。ラットで行われた研究では、小さな「車」の動かし方を覚えたばかりか、ストレスも軽減したのだといいます。なにかを覚えたり、うまくできることに、人が想像する以上に喜びを感じているのかもしれません。

動物がものを覚えるしくみを理解して、なにかを教えてみるのも楽しいコミュニケーションのひとつになるといえそうです。

マウスやスナネズミにも高い学習能力がありますが、ラットはそれ以上だと推察できます。個体差もあるのですべての個体に適したコミュニケーションとはいいきれないことも理解してください。

ものを覚える(学習する)しくみ

慣れるのも学習のひとつ

動物には、もともと生得的(＊能的)に身についている行動と、学習によって身につく行動があります。ネズミが穴掘りをするのは生得的な行動で、飼い主が呼ぶと来るのは学習で身についた行動です。

学習のしくみにはいくつかの種類があります。動物が見知らぬ環境や飼い主にしだいに慣れていくのも学習のひとつですし(馴化といいます)、「パブロフの犬(ベルの音を聞かせるのと食べ物を示すのを一緒にやっていると、ベルの音だけで唾液が出るようになる)」や、私たちが梅干しやレモンの写真を見ただけで唾液が出てくるのも学習のひとつです(古典的条件付けといいます)。

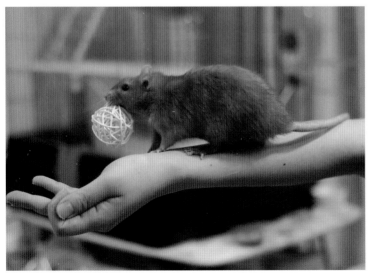

学習能力の高いネズミ。
上手に教えるとトリックを
楽しみます。

「いいことがある、またそれをやる」という覚え方

　ペットのしつけやトレーニング、イルカのショーなどさまざまな場面でも、学習するしくみが利用されています。ある状況下で、動物が自発的にとった行動に続いて報酬（ご褒美）が与えられると、同じ状況になったときに動物がその行動をする確率が高くなる、というしくみです。

　たとえば犬に「お座り」を教える場合だと、飼い主が「お座り」と言ったときにたまたま座ったらおやつがもらえた、という経験をすると、犬は「お座り、と言われたら座るとおやつがもらえる」と学習して、「お座り」を覚えるというわけです。

　こうした学習のしくみを、オペラント条件付けといいます。

知っておきたい4つのパターン

　前述の、犬にお座りを教えるしくみは、オペラント条件付けのうち「正の強化」といわれるパターンです。いわゆる「褒めてしつける」というものはこれにあたります。オペラント条件付けには4つのパターンがあります。

● ある行動をするとなにかが起こるから、その行動が増える（正の強化）
　例）飼い主の声がしたときに近くに行くと好物をもらえるから、声がしたら近くに行くようになる。
　ケージの金網をかじっていたら、飼い主が（やめてもらおうと思って）好物をくれたから、金網をかじるようになる、というケースもあります。金網をかじることを褒めてしまっている、

というわけです。

● ある行動をするとなにかが起こるから、その行動が減る（正の弱化）
　例）飼い主の手の上に乗るとつかまれるから、手には乗らないようになる。

● ある行動をするとなにかが起こらなくなるから、その行動が増える（負の強化）
　例）飼い主の手に噛みつくとつかまれないから、噛みつくようになる。

● ある行動をするとなにかが起こらなくなるから、その行動が減る（負の弱化）
　例）飼い主の手に噛みつくと好物をもらえなくなるから、噛みつかないようになる。

※正・負は、なにかが起こる・なにかが起こらなくなる、という意味で、強化・弱化は、ある行動が増える・行動が減る、という意味です。

ネズミのこんな技、あんな芸

　オペラント条件付け（正の強化）を用いてネズミにいろいろな技を教えることができます。アメリカやイギリスなど海外ではよく行われているようです。やり方について解説している海外の書籍やホームページも数多くあるので、興味がある方はぜひチェックしてみてください（技や芸のことはトリックtrickといいます）。日本でもいろいろなトリックができるネズミもいるようですね。

トリックの例

　海外のラット飼育書では、手の甲にキス、ちょうだい、握手、バスケットボール、輪くぐり、ボーリング、ポケットに入る、持ってきて、綱渡り、テーブルからテーブルへジャンプ、動かないでじっとしている、頭の上にものを載せてバランスをとる、後ろ足で歩く、ダンス、樽回し、ベルを鳴らす、迷路など多くのトリックが紹介されています。

アジリティ

　ドッグスポーツとして知られている、いわゆる障害物競走です。コースが決まっていて、飼い主が誘導しながらさまざまな障害物をクリアしていくというものです。欧米ではネズミ用の小さなサイズの障害物（輪くぐりやシーソー、ハードル、トンネル、スラロームなど）を使って楽しんでいるようです。ラットに限らずマウスやスナネズミでも行われています。遊びグッズやミニサイズのおもちゃなどを利用してやってみてはいかがでしょう。

Cone
Tunnel
Seesaw
Jump!
Cone
Hurdle

アジリティーとは、障害物をクリアする競技。

□コミュニケーションのひとつです。まずは信頼関係を作りましょう。

□個体差があります。無理せず、その子に合った楽しみ方を。

□練習は毎日がいいですが、ごく短い時間だけにします。飽きる前に終了します。

□つかんだりして無理にやらせるのではなく、たまたまやったときにご褒美を与えたり、ご褒美を見せながらしてほしい動きに誘導するなどして教えます。

□合図（号令）は、短い言葉やわかりやすい手振りで。

□できたことに対してのご褒美は、やったら即、与えること。時間がたつと何に対してのご褒美なのかわからなくなります。

□そのネズミがよくやる行動を利用すると教えやすいでしょう（ものをよく口にくわえるなら、小さなバスケットのゴールにボールを入れるトリック）

□若いうちのほうが覚えやすいです。高齢になってきたら無理させないで。

≡≡≡ 握手の教え方の一例 ≡≡≡

❶「握手」と言いながらネズミの前足にさわって、ご褒美をあげる。

❷何度か繰り返すうち、ネズミは「握手」と聞こえたときは前足に触られてご褒美がもらえる、とわかってくる。（前足を持ち上げるようになる）

❸前足を人の指に乗せたら、ご褒美をあげる。

❹それができるようになったら、乗せた前足を人が指で握っても嫌がらないときにご褒美をあげる。

トリックの楽しみ方、教え方をみなさんにお聞きしてみました!

【TRICK1】引き出し遊び

おもちさん(ラット)

引き出しの中におやつやペレットを入れておきます。音を鳴らしてラットの興味を誘います。音につられてやってきたラットがにおいをたよりにおやつが入っている引き出しを探し、手や口で引き出しを開けて、中のおやつを取り出し、持ち帰るという遊びです。

どのように教えたかというと、まずは、引き出しの中におやつを入れるところを見せてあげ、ラットに好きなように引き出しを調べさせます。

においはするのに取り出せなくて考えている様子が見られたら、人が引き出しを開けてみせて、ラットはおやつを手に入れます。

これを繰り返すと自分で開けてみようとし始めるので、初めは手伝いながらやってみます。さらに繰り返すと自分で開けてくれるようになります。

【TRICK2】輪くぐり　サンバイザーさん(ラット)

教え方は、まずは輪にふれてもらったり、近くでおやつを与えてみたりして、輪に慣れてもらいます。おやつで誘導し、輪に頭だけでも通してもらいます。頭を通すことが難なくできるようになったら、次は前足、上半身…と頭と同様に何日かかけて教えていき、最終的に体すべてを通せるようになったら完成です。

TRICK3、4、5は、ユイナさん(ラット)が教えてくれました。

【TRICK3】くるん

おやつ(ご褒美)を持っている指を追いかけたらご褒美をあげます。次に「クルン」と言ってご褒美を持っている指をネズミが回転するように誘導しながら動かし、追いかけたらご褒美をあげます。ご褒美を持っている指をだんだん高く上げていきます。

ネズミの頭上で「クルン」と言いながら素早く指を回転させ、その場で回ったらご褒美をあげます。

【TRICK4】ジャンプ

「ジャンプ」と言いながら、少し離れた場所に手を出して、乗ってきたらご褒美をあげます。差し出す手をだんだん遠くしていってジャンプを教えます。失敗して落下してしまうことがあるので、床にクッションを敷くなどして安全に気をつけて行いましょう。

【TRICK5】取ってきて

離れた場所にあるボールを「取ってきて」と言って、持ってきてもらう遊びです。

❶ケージ内でボールに興味を示したらご褒美をあげます。

❷ケージ内でボールをくわえたらご褒美をあげます。

❸ケージの入り口でボールを差し出し、くわえてケージの中に入れたらご褒美をあげます。

❹ケージから身を乗り出さないと取れないところにボールを出し、
　くわえてケージ内に運んだらご褒美をあげます(少しずつ距離を伸ばします)。

❺(ここからケージの外で)ボールをくわえて持ち歩いたらご褒美をあげます。

❻座っている人の肩でボールを渡します。ボールをくわえて膝元に降りたらご褒美をあげます。

❼座っている人が膝元近くの地面でボールを渡して、膝元にくわえて持ってきたらご褒美をあげます。

❽❼の距離をだんだん伸ばしていきます。

今は集中力がありそうだな!という瞬間を見極めて、ワンステップずつ短時間で教えます。

【質問1】
ネズミたちとはどんな遊びや ふれあいをしていますか?

◉飼い主の手のひらに置いた殻付きの小鳥用の餌を、殻を剥きながら食べているときがふれあいの時間です。
（フレットさん・マウス）

◉手でマッサージや、歯ブラシでブラッシングをしたり、サークル内の小動物用おもちゃで遊んだりしています。長い筒状のパイプを斜めにした滑り台ごっこがお気に入りです。
（わらさん・スナネズミ）

◉サークル内に飼い主と入って自由にさせたり、おやつを入れた箱を与えて中身を取り出させる。
（しらたまさん・ラット）

◉主に部屋んぽ。（ボースイさん・スナネズミ）

◉毛布や服の中に入れてなでながら、そのまま寝かせる。
（セナさん・ラット）

◉手からおやつを上げたり、膝の上で遊ばせおやつをあげる。
（ちばちばさん・スナネズミ）

◉囲いの中で運動させつつ段ボールや木を噛めるようにしています。
（森さん・スナネズミ）

◉手に乗せて話しかけています。
（飯田崇輔さん・ラット）

◉くすぐりごっこ、肩のりや服の中探検、手足の曲げ伸ばし体操。（A家さん・ラット）

◉猫じゃらしで遊んでいます。
（さゆりさん・ラット）

◉体を登らせる、肩んぽする、着ている服の中や毛布をくちゃくちゃにした中を探検させたりする。（れーこさん・スナネズミ）

◉隠れられる場所をたくさん作って、かくれんぼと追いかけっこ。チモシーの引っ張り合いっこ。
（柳田さん・スナネズミ）

◉知育ボールにおやつを入れて遊びながら楽しんでもらう、くすぐる。
（サンバイザーさん・ラット）

◉ちぎった紙を与えて何かを作るのを眺めています。
（とらぞーさん・ラット）

◉しっぽをさわらせてくれるのでしっぽをなでる。
（風太さん・スナネズミ）

◉顔周りをなでられるのが好きなので、顔周りをつまむようになでたりマッサージしたり。
（櫻葉さん・マウス）

◉手の中におやつを隠して、どちらの手に入っているのか当てるゲーム。
（まひろさん・ラット）

【質問2】
ネズミとコミュニケーションをとる時間は一日およそどのくらいですか？（世話をする時間を除く）

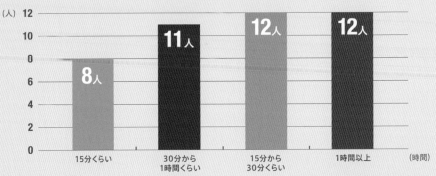

（人）

8人	**11人**	**12人** 　**12人**

15分くらい　　30分から1時間くらい　　15分から30分くらい　　1時間以上　（時間）

（インターネット回答・総回答数43人）

【質問3】
ネズミたちとのコミュニケーションで思うところはありますか？

◉信頼関係を築けます。表情で感情が読み取れるようになります。
（れーこさん・スナネズミ）

◉とても感情表現が豊かで驚くほど賢かったです。マッサージしてウトウトされると本当に信頼されている気持ちになり、本当の娘のように思っていました。
（チェブオレさん・ラット）

◉お世話の時間に比例して慣れると思います。慣れにくい臆病な子も、闘病で投薬や食事の世話をしたら寄ってくるようになりました。
（ちばちばさん・スナネズミ）

◉どんな遊びでも喜ぶ子、特定の遊びだけに夢中になる子、ひとり遊びが好きな子など、個体による性格の違いはまるで人間みたいです。
（高橋節子さん・ラット）

◉スナネズミは気分屋なところがあるように思います。
（風太さん・スナネズミ）

◉毎日コミュニケーションを行うことで、ネズミが何を考えているか、だいたい分かるようになり、わずかな体調変化にも気づくことができます。
（わらさん・スナネズミ）

◉呼吸器疾患のため単頭飼育で焼きもちやき、ほかの子をさわった後に噛まれることもありますが、できるだけ長く関わる時間をもつようにして、ストレスを感じないようにしています。多頭ケージの子たちより圧倒的に強い信頼関係ができていると思います。
（おもちさん・ラット）

◉たくさんコミュニケーションをとった子のほうが、闘病でつらそうなときも気力を保ちやすいと思います。
（田村さん・ラット）

◉コミュニケーションの取りやすさは、個体差によると思っています。同腹でも全く違う性格の子だったりしたので。
（しげさん・ラット）

- ファンシーラットは人慣れして噛まないとよく言われていますが個体差があります。
（とらぞーさん・ラット）
- 保定を嫌がらないようにします。ネズミの個性を大切に。（もんさん・スナネズミ）
- 臆病で頭のよい生き物なので、怖がられることはしないようにしています。遊び好きで、よくはしゃいだり、細かい金属がぶつかり合うような高い音で笑い声をあげています。水槽にいるときも外の人間に声をかけてくるので、無視しないようにしています。さわらなくても声をかけることは必要だと思っています。
（まひろさん・ラット）
- ネズミ・飼い主双方にとって適度なコミュニケーションは必要なことと思います。しかし犬猫などに比べて短命である命を考えたとき、いくつもの技を習得させる練習は、コミュニケーションとしてどうなのだろうかと考えてしまうこともあります。日本では、まだ一般に普及しているペットではない分、コミュニケーションの仕方も飼育者の数だけ多岐にわたり、ネズミにとってよいコミュニケーションとはなかなか難しく、正解がまだわかりません。（A家さん・ラット）
- とても慣れていて手で寝てしますような子も羨ましく思いますが、ネズミの個性もありますし、少しでも安心して暮らせるようなコミュニケーションをとりたいと心がけています。
（森さん・スナネズミ）

- 個体によって性格が違うので各性格を尊重しています。ゆっくりゆっくり、怖がらせず、無理させず、寄ってくるまで急がないようにします。（三國谷花さん・マウス）
- ケージ越しのみ噛もうとする子がいました。特に警戒されていたわけではなく、飛びつくように噛みつきにきます。こちらもすぐ指を引っ込めたので、噛まれたことはありませんし、後悔しているなどもないのですが、どうすればよかったのかな？と少し気になってはいます。（六花さん・ラット）
- とても賢く社会性のある動物だと思います。
（飯田崇輔さん・ラット）
- そばにいることが最大のコミュニケーションだと思います。（紡木リリカさん・ラット）
- ネズミは、視力があまりよくないと聞いていたので、さわるときやお世話するときに顔の上からではなく下から手を近づけて、ある程度の距離を開け、向こうからなんだろう？って近づいてきてもらえるようにしています。目が悪いと影が横切っただけでもストレスになりそうなので。（さゆりさん・ラット）
- こちらの行動が、ネズミにとって快か不快かが、よくわからないのでネズミの快不快のボディーランゲージを知りたいな、と思うことがあります。つかんだときに目を見開いてたり、歯をカチカチ鳴らすのは不快なんだろうな、というのはわかるのですけど…。
（さくらんぼさん・スナネズミ）

ネズミと防災 ～できる備えをしておこう

考えて
おくことは
大事！

　日本は自然災害が多い国です。万が一のときにネズミたちを守る準備をしておくことも、飼い主としての役割のひとつといえるでしょう。エキゾチックペットの場合は公助・共助・自助のうち「自助」が重要です。自然災害が起きたときのことを想定し、シミュレーションしておくことをおすすめします。

室内の安全対策

　家具が倒れたりものが落ちてくる、窓ガラスが割れたりしても安全な場所にケージを設置します。

　移動用キャリーなどは取り出しやすい場所に。準備して戸棚に入れてあったのに家具が倒れて戸棚が開けられなくて困ったというようなことも起こり得ます。

「災害が起きたらどうする」を考えておく

　自治体のハザードマップや防災マップなどを見て、地域の危険度合いや避難所の場所などを確認。家族でも話し合っておきましょう。

　ペットは同行避難（ペットとともに安全な場所まで避難すること）が原則ですが、ペットを受け入れるかどうかは避難所によります。一般にはネズミというと敬遠されがちでもあります。同行避難できても、ペットの置き場所は人とは別ということもあります。場合によっては別の地域在住の知人に預けるなど、あらかじめ考えておくといいでしょう。

やっておきたい準備

　人を怖がらないように慣らしておきましょう。キャリーケースに移すさいに手間取らずにすみます。いつもと違う食べ物を与えざるを得なくなることもあります。日頃から食べられるものの幅を広げておくのも大切です。

　フードや消耗品は常に在庫を確保して。自宅が被害に遭わなくても、流通がストップすることも考えられます。また、在庫分を使う前には必ず新しいものを購入する習慣をつけておきましょう。

避難グッズの準備

　自宅以外でもネズミの世話ができる最低限の準備をしておきましょう。移動用キャリーケースのほかに、フード（できれば2週間分）、大好物（傷みにくいもの）、飲み水などをまとめておきます。食べ物や飲み水は定期的に入れ替えを。衛生用品（新聞紙やビニール袋、ウェットティッシュなど）、防寒用品（使い捨てカイロ、フリース）なども。かかりつけ動物病院があるなら診察券もすぐに持ち出せる場所に用意しておいて。

ネズミの
繁殖

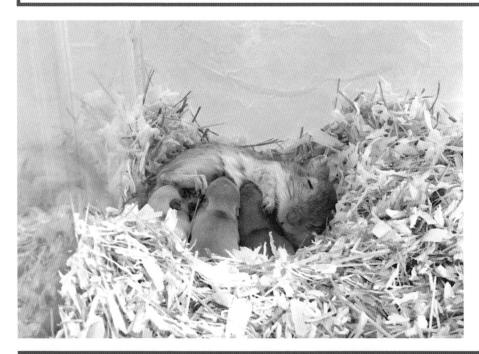

繁殖にあたっての心がまえ

命を誕生させる責任をもって

ネズミを繁殖させたいと思う理由はさまざまでしょう。どのような理由であっても、飼育下では人が関わることで繁殖が成立します。誕生する命への責任は飼い主にあるといってもいいでしょう。繁殖させる前に、次のようなことをよく考えてください（ここではペットとしての繁殖について取り上げます）。

生まれてくるネズミたちへの責任

ネズミは一度に多くの子どもを生みます。その子どもたちを皆、責任と愛情をもって終生、飼い続けることができるでしょうか。あるいは、責任をもって飼ってくれる人に譲渡することができるでしょうか。

子どもが生まれ、飼育頭数が増えた場合、世話の時間や費用の負担が増大します。相性によっては複数の個体を別々のケージで飼育するため、ケージがどんどん増えていく可能性もあります。先々を見越して繁殖に取り組んでください。

母となるネズミへの責任

お腹の中で子どもを育て、出産し、母乳を与えて子どもを成長させるのはとても体力のいることです。ネズミは、多くの子どもを何度も生むという繁殖戦略をもつ動物ですが、飼育下では母ネズミに負担にならないようにしなくてはなりません。健康なメスを繁殖に用いる責任があります。

気がつけば どんどん増える「ネズミ算」

実際、ネズミは性成熟が早く、妊娠期間が短く、一度にたくさんの子どもを生むため、オスとメスを分けるといった対策をしないと頭数が増えてしまいます。

もともと「ネズミ算」は江戸時代の和算（数学）に出てくる計算問題です。「正月にネズミのペアが子を12匹生み、全部で14匹になりました。2月には親ネズミも子ネズミも12匹ずつ生み、総勢98匹になりました（14匹＝7ペアが12匹ずつ生むので84匹。14匹を足して98匹）。このように毎月、親も

子も孫の代もすべてのペアが12匹ずつ生んでいったら12月には何匹になりますか？」という問題です（生まれる子どもは必ずオスとメスが同数いるという前提）。答えはなんと、276億8257万4402匹です。

これはさすがに現実的な数値ではありませんが、制限しなければコントロールがきかなくなるほど増える、ということは言えるでしょう。

ネズミの繁殖生理

繁殖に関するしくみ

性成熟

　繁殖に関わる体の機能ができあがることを指します。オスは精巣が発達して精子が作られ、射精できるようになり、メスは卵巣が発達して卵子が作られ、排卵が起こるようになります。

発情周期

　発情とは、性成熟したのち、交尾可能な状態となっていることです。ネズミは発情が一定の周期で起こり、そのときにメスはオスを受け入れます。オスは性成熟するといつでも交尾可能な状態になり、発情しているメスをにおいで見つけてアプローチします。

発情持続期間

　メスの発情状態が継続している期間のことです。

繁殖適期

　性成熟したオスとメスを一緒にしていれば妊娠する可能性があります。しかし、性成熟は、体の機能のうち繁殖に関わる部分ができあがっただけで、体のすべてが大人になったわけではありません。早すぎる繁殖も、高齢になってからの繁殖も避けたほうがいいでしょう。

　繁殖寿命は9〜11ヶ月（マウス、ラット）といわれています。

妊娠期間

　ネズミの妊娠期間はおよそ3週間ほどです。

　後分娩発情（後述）での妊娠では妊娠期間が長くなることが知られています。

産子数

　ネズミ、なかでもマウス、ラットはたくさんの子どもを出産します。生まれる子どもの数は、母親の年齢や栄養状態、環境などによっても異なります。

【ネズミの繁殖生理データ】

	マウス	ラット	スナネズミ
性成熟（オス）	6週	4〜5週	9〜18週
性成熟（メス）	6週	4〜5週	9〜12週
発情周期	4〜5日	4〜5日	4〜7日
発情持続期間	9〜20時間	9〜20時間	12〜18時間
妊娠期間	19〜21日	21〜23日	24〜28日
産子数	7〜11匹	6〜13匹	1〜12匹
推奨される最短の繁殖週齢	8週	9週	10〜14週
乳頭数[1]	5対	6対	4対

"Ferrets, Rabbits, and Rodents: Clinical Medicine and Surgery (4th edition)" より

※1『実験動物学』より

後分娩発情

分娩後発情ともいいます。マウス、ラット、スナネズミともに出産直後に発情するため、オスが同居していれば交尾が成立、連続妊娠する可能性があります。メスは生まれた子どもに授乳しながらお腹の子どもも育て、最初の子どもの離乳期と出産が同じ頃になります。最初の子どもたちがあとで生まれた子どもたちを踏んでしまうようなことも起こります。

繁殖シーズン

野生下では、食べ物が豊富で子育てしやすい季節に繁殖します。飼育下では一年を通じて繁殖可能です。

オスとメスの見分け方

オスとメスは、肛門と生殖器（オスのペニス、メスの腟口）の距離の違いで見分けます。肛門と生殖器が離れているのがオス、近くにあるのがメスです。

性成熟すると、オスの陰嚢がよく目立つようになります。マウス、ラットではオスのお尻はメスよりも尖って見え、スナネズミの陰嚢は黒っぽい色をしています。

【マウスの生殖器】

オス　　　　　　　メス

【ラットの生殖器】

オス　　　　　　　メス

 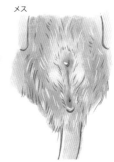

【スナネズミの生殖器】

オス　　　　　　　メス

オスは大人になると陰嚢が目立つようになります。
写真はラットのオス。

繁殖の手順

【1】繁殖させるのに適した個体

オス、メスともに健康で、遺伝性疾患がない個体であることが重要です。また、気質も遺伝すると考えられるので、好ましい性質をしているといいでしょう。

特にメスでは、病気がち、肥満、やせすぎ、成熟したばかりや高齢すぎる個体は向いていません。高齢とまではいかなくても、年齢を重ねてからの初産は危険な場合があります。妊娠・子育て中に神経質になる個体は多いですが、日頃から神経質なネズミだとちょっとしたことで育児放棄や子食いするおそれがあります。また、何度も子育てに失敗しているネズミも繁殖には向いていません。

なお、致死遺伝子が知られている毛色があります（182ページ参照）

● 近親交配について

プロのブリーダーなどの専門家が繁殖を行うにあたっては、親子やきょうだいなど血縁関係の近い同士を交配させる近親交配が行われることがあります。実験動物のマウスやラットでは、近親交配を繰り返すことで作られた遺伝的変異のない個体群（近交系）が知られています。

しかし、近親交配では異常をもつ個体が生まれる可能性もあります。繁殖や遺伝についての十分な知識をもったうえで行われるべきもので、一般的にはおすすめできません。

【2】同居

❶ ペアで飼育し、性成熟しているなら、メスの発情のタイミングで交尾に至ります。

❷ 別々に飼育しているオスとメスを繁殖させる場合は、多頭飼育させるときと同様に、お互いのにおいに慣らしておいてから、メスの発情のタイミングで一緒にします。闘争にならないようなら数日同居させます。

● メスの発情のタイミング

発情中のメスは、オスを許容する「ロードシス」という姿勢を見せます。腰を軽く押すと、首を後ろにそらすようにし、背中を湾曲させ、腰と尾を上げます。外陰部の膨張も見られます。ラットでは、耳を小刻みに震わせる「ear-wiggling」が知られています。

【3】交尾

交尾は夜間から未明（マウス、ラット）、夕方（スナネズミ）に行われます。

交尾中のマウスのペア。

オスはメスの生殖器周辺のにおいをかぎ、メスはロードシス姿勢をとり、交尾に至ります。

マウスでは、射精後に横や後ろに倒れることがあります。ラットでは、オスのアプローチに対して、メスが跳ね回ったり走り回る、耳を小刻みに震わせるといった行動が見られます。スナネズミでは、求愛や交尾のあとにスタンピングが見られます。

メスがオスを受け入れない場合は発情していない可能性があります。いったん別々にし、改めて一緒にしてみてください。

【4】膣栓ができる

交尾後にメスの膣内に「膣栓」ができます。プラグともいいます。オスの精液がもとになったもので、乳白色～淡黄色のろう状の小さな塊です。交尾の翌朝に見ると、膣口の入り口についていたり、飼育施設内に落ちているのが見つかることがあります。マウスでは長さ5mmほど、ラットでは1cmほどの大きさです。

【5】オスの別居について

マウス、ラット、スナネズミでは、父親であるオスが子育てを手伝うことが知られています。巣を作る、子どもたちを温めたり毛づくろいをするなどの行動が知られています。その様子は微笑ましいものですが、飼育下では、交尾が確認できたらオスは別居させることを考えたほうがいいでしょう。

後分娩発情があるため、すぐに交尾、妊娠する可能性があります。母ネズミの体への負担となったり、子どもの数が増えるという問題が起こります。

【6】環境を整える

妊娠中や子育ての時期に向けて、早めに環境を整えます。床材や巣材を十分に用意し、ネズミが安心できる巣が作れる準備をしましょう。

ケージの置いてある場所が騒がしすぎたり振動が大きい、あるいは温度管理が難しいようなところなら、妊娠初期のうちに適切な場所にケージを移します。出産が近づいたり出産してからの環境変化は子食いや育児放棄のリスクが高まります。

食事は、高タンパクで高カルシウムの食事を多めに与えます（110ページ参照）。量も多めに。飲み水も十分に与えてください。

【7】妊娠中

交尾後2週ほどでお腹が膨れてくるのがわかります。妊娠後期になると体重が急増し、お腹がふくらんで、乳頭が目立ってきます。巣作り行動も見られます。

出産が近づいてきたら、掃除は手早く行い、ストレスを与えないようにしましょう。

それまで部屋に出して遊ばせている個体では、初期のうちはかまいませんが、徐々に時間を短くしていき、妊娠後期になったらケージ内で過ごさせるようにします。

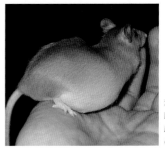

洋梨のようにお腹の膨らんだ出産間近のマウスのメス。

お腹が大きくなってきたら、動き回るのに障害になるものはケージからどかしましょう。急激に体重が増えており、いつものようにバランスが取れないことがあるので、高いところを作らないようにします。回し車も取り外すようにします。

【8】出産と子育ての開始

出産は多くの場合、夜間に行われることが多いです。出産が始まってから終了まで1時間前後といわれています。

マウス、ラット、スナネズミの子どもは「晩成性」といい、未熟な状態で生まれてきます。生まれたときは目も、耳の穴も開いていません。被毛は生えておらず全身がピンク色をしています。母親がつきっきりで授乳し、体を舐めたり温めたりします。子どもの陰部を舐めて排泄を促します。子どもは親と離れてしまうと鳴き声で親を呼びますが、高周波なので私たちには聞こえません。

なお、げっ歯目のなかではモルモットやチンチラは「早成性」で、生まれてすぐに目も見え、歩き回ることもできます。

● 母乳と初乳

母乳は子どもにとって完全栄養食といわれます。毎日十分な量の母乳を飲み、成長していきます。なかでも出産直後の母乳は初乳と呼ばれ、子どもたちを病気から守る抗体が多く含まれています。

なお、乳頭は、胸部、腹部と鼠径部に存在しています。

【9】子育て中

安心して育児できるよう、静かに見守りましょう。ちゃんと子育てしているだろうかと気になるところですが、安心して子育てできる環境を作ることが飼い主のできる最高の手助けです。

ケージ内の掃除は、出産してから2～3日はしないようにします（少なくとも一週間以上とするラットの飼育情報もあります）。

掃除をするときは、ひどく汚れた床材を取り除いて新しいものを補充したり、トイレ砂を交換する程度のことを手早く行います。

食事は引き続き、高タンパクで高カルシウムなものを多くと、十分な飲み水を与えます。

● 母子の絆と不安傾向の低下

授乳期間に母親からのグルーミングを多く受けていると、成長後にストレス耐性が高く、不安行動が低下することがラットで知られています。不安傾向が強いと、自分が母親となったときによい子育てができなくなってしまいます。母子の時間を大切にしましょう。

妊娠中も授乳中も高タンパク、高カルシウムの食事が必要です。写真はスナネズミのメス。

●巣から出た子ども

まだ自分で歩き回ることのできない子どもが、巣から転がり出てしまうことがあります。通常、巣から出てしまっても、母親が子どもたちを巣にまとめるのが普通です。ただし、巣から出たのに気がつかず、放っておくと体が冷えてしまいます。気がついたらすぐに母親のもとに戻してください。そのさい、個体によっては子どもに人のにおいがついたことを警戒するので、素手ではさわらないようにします。プラスチックのスプーンなどを使って戻しましょう。

【10】成長〜離乳へ（子どもの飼育管理）

子どもたちは日々成長していきます。母親の食事が足りているかどうかを観察してください。子どもたちが大人の食事に興味をもったり、食べてみるようになってきたら、食事の量も増やしてください。

特別に離乳食を用意する必要はありません。大きいペレットは砕いたり、副食類の大きいものは小さく切るなど、食べやすい（持ちやすい）ようにするといいでしょう。

ふやかして与えるのもひとつの方法です。硬すぎるペレットを与えると離乳前のマウスの成長が低下するという資料があります。

子どもが食器に届かないことを避けるため、食べ物は床材の上に置いたほうがいい場合もあるので、食べられているか様子をよく見てください

大人と同じものを食べるようになってきたら、飲み水も必要です。給水ボトルから飲めているか確認しましょう。

●金網ケージと脱走

金網タイプのケージで飼育している場合、子どもたちが成長し、自分で動きまわれるようになってきたら脱走に注意してください。金網の間隔が広いと容易に外に出てしまうことがあります。繁殖時には目の細かいケージを使う、目の細かい金網を貼っておくなど注意が必要です。

●人に慣らす時期

離乳が近づき、子どもたちにさわることに母親がストレスを感じないなら、手から食べ物を与えたり、なでたりすることに少しずつ慣らしていきましょう。ただし、母親が神経質になっていたり、もともと人に慣れていないような場合は無理をせず、離乳を待ってから子どもたちを慣らしてください。

【11】離乳と独り立ち

母乳に頼らず、自分で食事がしっかりできるようになると離乳の時期になります。そろそろ子どもたちはオスとメスに分けてください。メスの子どもは母親と一緒でも問題ありません。

離乳がすんだら、母ネズミをゆっくり休ませてあげてください。

人の手に慣れた子どものマウスたち。よじ上ってくる子も。

繁殖のトラブル

育児放棄・子食い

　なんらかの理由で、母ネズミが子育てをやめてしまう育児放棄や、生まれた子どもを食べてしまう子食い（カニバリズム）が起こることがあります。

　食べ物や飲み水の不足（母乳が十分に作られない）、床材や巣材が足りない、隠れるところがない、騒音（特に高周波の音、金属音など）、人がむやみに覗き込むなどプライバシーが守れない、人が子どもにさわることで異質なにおいがついたことを警戒する、もともと神経質だったり不安傾向が強い、子食いが起こりやすい系統、子どもに先天的な異常があったりケガをしている、弱っていて育たないと判断したとき、子どもの数が少ないときにも見られるともいわれます。

　子孫を残すことは動物にとって最も重要なことなので、母ネズミは子育てを全力で行うのですが、上記のような理由で「今回は子育てに力を使わず、次回のもっといいチャンスに賭ける」というような判断をするのではないかと考えられます。

　子育て中は適切な飼育環境を整え、十分な食事と水を与え、むやみにかまいすぎないようにしてください。

偽妊娠

　マウス、ラット、スナネズミともに、偽妊娠が起こることが知られています。交尾行動が行われても妊娠が成立しなかったときなどに起こります。偽妊娠の状態はマウスで1〜3週間、ラットで13日、スナネズミで14〜16日続くとする資料があります。

　偽妊娠すると一般に、巣作り行動をしたり、乳腺が張るといったことが起こります。

「持ち込み腹」

　メスだけを購入したのに、しばらくしてからお腹が大きくなってきて出産するということがあります。「持ち込み腹」などといいます。ペットショップや繁殖施設で、性成熟したあとにもオスと一緒に飼育されていたため、そこで交尾し、妊娠したものです。予定外のことではあるでしょうが、この章で説明しているような環境を整えて、出産や子育てに備えてください。なお、購入したペットショップなどには事情を説明し、環境改善（性成熟したオスとメスは分けて管理する）を図ってもらいましょう。

　なお、メスを2匹、購入したはずなのに実はどちらかがオスで、いつのまにか交尾、妊娠していたということもあります。購入時にはしっかりとオス・メスの判定をしてください。

マウスの成長過程

赤ちゃんマウスはとても小さいですが、
母乳を飲んでスクスク育つ様子をご覧ください。

（写真・記事協力：高橋節子さん）

0日齢

ケージのある部屋に入ると、かすかな生臭さと母乳のにおい。セーブルの母マウスが出産していた。子マウスの皮膚は胃のミルクが透けて見えるほど薄い。

7日齢 ぼやけていた毛色がはっきりしてくる。まだ体毛が短いので臍（へそ）が分かる。

8日齢 全身の被毛がそろい始め、毛色で個体の区別が容易になる。

3日齢 ブラックパイドは父親。子マウスに会いたがるので、ときどきお世話をしてもらい、母親を休ませることに。

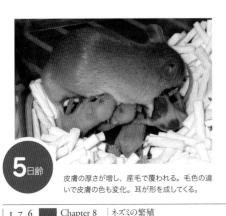

5日齢 皮膚の厚さが増し、産毛で覆われる。毛色の違いで皮膚の色も変化。耳が形を成してくる。

9日齢 ぐっすり安眠中。まだ目は開かないが、起きると親を探してケージ内をモゾモゾ動き回る。

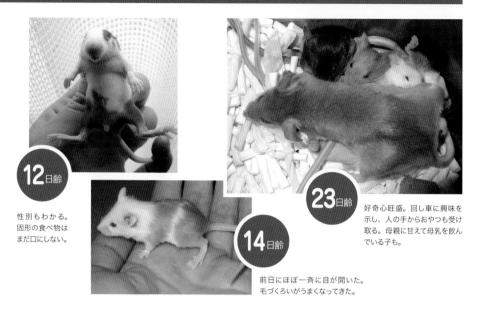

12日齢
性別もわかる。
固形の食べ物は
まだ口にしない。

14日齢
前日にほぼ一斉に目が開いた。
毛づくろいがうまくなってきた。

23日齢
好奇心旺盛。回し車に興味を
示し、人の手からおやつも受け
取る。母親に甘えて母乳を飲ん
でいる子も。

17日齢
ケージ内を頻
繁に散歩してい
る。ペレットを
口にするが、ま
だ母乳も好き。

25日齢
親に近い容姿に成長。活動的で立体運動も得
意に。離乳を確認したので、オスとメスはケー
ジを別にする。

21日齢
雑穀もぐもぐ。殻がないものを好んで食べ、水
もよく飲むようになる。

【マウスの成長データ】

出生時体重	1 〜 1.5 g
目が開く	12 〜 14 日
耳の穴が開く	10 日
被毛が生え始める	10 日
ドライフードを食べ始める	12 日
最適な離乳日齢	18 〜 21 日

"Ferrets, Rabbits, and Rodents: Clinical Medicine
and Surgery (4th edition)" より

※1 生まれてからの日数の数え方について：生まれた日を「0日齢」とし、翌日から「1日齢」「2日齢」…と数えています。
※2 成長データ表の数値は資料によるもので、写真の個体の成長過程とは異なる場合があります。

ラットの成長過程

初産のラット母です。

きょうだい間での食い負けなどもなく、

上手に育て上げました。

（写真・記事協力:オカモトさん）

出産前日

母ラットは洋ナシ型の体型に。お菓子の箱のシェルターとキッチンペーパーを裂いたものを多めに入れた翌日に出産。

16日齢

前日に目が開いているのを確認。きょうだいで仲良く活発に遊ぶ。

5日齢

母親が神経質で人に攻撃的であることを考慮して、そっと様子を見守る。

11日齢

シェルター内を初掃除。排泄はほとんどシェルターの外にしていたので、シェルター内はさわらずにいた。毛が生えそろっている。

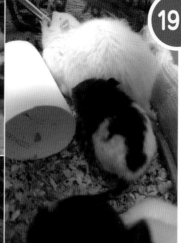

19日齢

トイレットペーパーの芯や母親用ハードペレット、小動物用のビスケットをかじり、給水器から水をなめとるなど離乳が近いよう。まだ主食は母乳。

29日齢　この頃になると、授乳を許容する母親もしんどそう。

30日齢

離乳。ハードペレットはまだ固すぎるので、ふやかして与える。ほかにカリカリタイプのキャットフードとラビットフードを混ぜる。

【ラットの成長データ】

出生時体重	4〜6 g
目が開く	12〜15 日
耳の穴が開く	2.5〜3.5 日
被毛が生え始める	7〜10 日
ドライフードを食べ始める	14 日
最適な離乳日齢	21 日

"Ferrets, Rabbits, and Rodents: Clinical Medicine and Surgery (4th edition)" より

スナネズミの成長過程

母ナツメグパイドと父ライドダークアイドハニーとの
間に生まれた子スナネズミたちです。

（写真・記事協力:れーこさん）

0日齢 毛は生えておらず、目や耳も閉じた状態。足先に爪のようなものが確認できる。

3日齢 目の色が透けて見えるので黒目か赤目かがわかる。胃の中のミルクも透けて見える。

5日齢 父親が積極的に子育てに参加している。耳介が開いて、耳の形になってきた。

6日齢 全身にうっすら被毛が。ヒゲも爪も伸びて、よく見えるように。

9日齢 目はまだ開かないが、活発に動き回るようになった。

11日齢 毛色がうっすらと判別できるようになる。

15日齢

12〜14日齢で、歯が生えてくる。後ろ足がしっかりしてきた。

27日齢

初めて野菜を食べた。まだ母乳も飲む。キャベツのほか、薄切りのキュウリやコマツナなども食べる。

18日齢

目が開いた子スナネズミを確認することができた。

32日齢

牧草をペレット状にしたフードも食べるようになる。

34日齢

もう離乳の時期を過ぎているのに母乳が大好き。母スナネズミはお疲れ気味のよう。

22日齢

毛づくろいも上手に。そろそろ離乳の時期。

【スナネズミの成長データ】

出生時体重	2.5 〜 3.5 g
目が開く	16 〜 21 日
耳の穴が開く	5 日
被毛が生え始める	6 日
ドライフードを食べ始める	16 日
最適な離乳日齢	21 〜 28 日

"Ferrets, Rabbits, and Rodents: Clinical Medicine and Surgery (4th edition)" より

致死遺伝子とは

毛色と関連する致死遺伝子

　繁殖にあたっては、個体の年齢や健康状態といったことのほかに、避けたほうがよい組み合わせがあります。致死遺伝子（劣性致死遺伝子）をもつ個体同士の組み合わせです。

　致死遺伝子とは、その遺伝子をもつ個体を死亡させる遺伝子のことです。

　スナネズミに白い斑模様（パイドなど）を生じさせる遺伝子は「Sp」です。体色に関しては優性遺伝子なので、両親のどちらかからひとつだけ受け継ぐと白斑ができます。

　しかしこの遺伝子はホモ接合（ここでは「SpSp」になるということ）したときには致死遺伝子となるため、両親ともに

「Sp」をもつ場合には、確率的に生まれる子どものうち1/4（両親それぞれからSp遺伝子を受け継いでしまった個体）は体内で死亡して吸収されてしまい、生まれてきません。生まれてくる子どものうち2/3は白斑をもち、1/3は白斑をもちません。メンデルの法則でいえば白斑：非白斑は3：1になるはずですが、2：1になるわけです。

　マウスのイエローも致死遺伝子です。

　イエロー（Yyという遺伝子型）同士を交配すると、本来ならYY、Yy、Yyがイエロー、yyが野生色になりますが、YYは致死遺伝子となるため、生まれてくることはありません。

　ほかにはラットのパールが致死遺伝子として知られています。

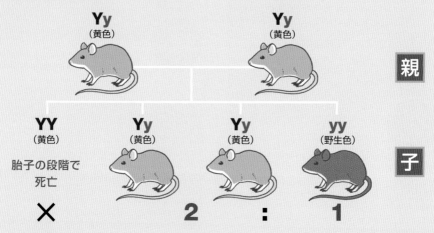

メンデルの法則でいえば、黄色：野生色の発現は3：1になるはずが、YYのマウスは胎子の段階で死亡するので生まれてくることはなく、黄色：野生色は2：1になる。

ネズミの
健康管理と病気

ネズミの健康管理

ネズミの健康を守るには

　家族の一員として迎えたネズミには、元気で長生きしてもらいたいものです。ネズミがかかる病気の多くは、適切な飼育管理を行うことで予防ができます。もって生まれた体質や系統などによっては、どうしても病気になりやすい個体もいますが、どんな個体であれ、それぞれのネズミたちがもっている生命力を最大限に発揮できる環境づくりを心がけましょう。

病気になりにくい暮らしのために

1 ネズミの習性や生理・生態を理解しましょう。

　どんな場所で何を食べ、どんな暮らしをしているのか、本能的に感じる快・不快にはどんなものがあるかなどを知りましょう。

2 ネズミの個性を理解しましょう。

　ネズミにも個体差があります。日々の暮らしぶりを観察しながら、その個体がどんな性質なのかを理解することも大切です。

3 適切な住まいを作りましょう。

　そのネズミに適したケージ（タイプや大きさ）、

飼育用品を用意し、快適に過ごせる場所にケージを設置してください。

4 衛生的な環境を整えましょう。

　不衛生が原因で発症する病気も多いものです。毎日、適切な掃除を行いましょう。人の健康のためにも大切なことです。

5 適切な食事と飲み水を与えましょう。

　栄養バランスのよい食事と清潔な飲み水を与えてください。太りすぎたり痩せすぎたりしないように食事を加減しましょう。

6 適度な運動を取り入れましょう。

　十分な広さのケージに、運動や遊びを助けるグッズ類を設置するなどして、体を動かす機会を多く取り入れてあげましょう。

7 適切なコミュニケーションをとりましょう。

　ネズミの負担にならない程度に、よくコミュニケーションをとりましょう。人の手に慣れることは健康管理面でも大切です。

8 過度なストレスを遠ざけましょう。

　ストレスが病気発症のきっかけになることはよくあります。不適切な環境、運動不足、退屈などのストレスを避けましょう。

9 健康チェックを行いましょう。

　体調変化にいち早く気がつくためには、日々の健康チェックが欠かせません。時々、動物病院で健康診断を受けるのも大切です。

10 かかりつけの動物病院を見つけましょう。

　ネズミを診てもらえる動物病院は多くありません。体調に不安があるときにすぐに診てもらえる動物病院を探しておきましょう。

健康チェックが健康管理の基本

早期発見・早期治療のために

　ネズミは具合が悪くてもそれを言葉では伝えてくれません。肉食動物から捕食される立場の動物は、弱っているところを見せれば捕まりやすくなるので、体調の悪さを隠そうとする傾向があります。そのため、飼い主が気づくほどになっているときは相当悪化している、ということもあります。日々の健康チェックによって体調変化に気づき、病気の早期発見、早期治療ができるようにしましょう。

毎日の世話のひとつとして

　健康チェックは、ケージ掃除や食事を与えることと同じように、毎日行いましょう。

　ケージ掃除をしながら排泄物や食べ残しのチェック、食事を与えながら食欲のチェック、かわいい様子を眺めつつ、外見の異変がないかをチェック、ケージ内外で遊んでいる様子を見ながら体の動きがおかしくないかをチェック、コミュニケーションをとりながら体を触って

チェック、といったように、世話の一環に組み込むことで負担なく日々の健康チェックが行えるでしょう。

　週に一度など、定期的に体重測定も行いましょう。

気になったことはメモしておく

　体重や健康チェックの結果、食事内容などを記録した健康日記をつけておくと、健康状態を振り返るときに役に立ちます。

　毎日、記録するのは難しい場合でも、ネズミの様子や世話の内容がいつもと違うとき、周辺の状況に変化があったときなどだけでもメモしておくといいでしょう。たとえば、いつもなら起きている時間なのに寝ていた、というようなこと、あるいは、それまでに食べたことのないものを与えた、飼い主の生活リズムがいつもと違っていたというようなことなどです。ネズミは人には聞こえない高周波が聞き取れるので、たとえば、新たに購入した家電、近所での工事などが体調を崩すきっかけになることもあるかもしれません。

　こうした記録は、動物病院での診断の助けにもなります。

毎日の体調チェックは観察から。

健康チェックのポイント

食欲や食べ方をチェック

☐食欲：食欲や、食べ残しがないかをチェック。大好物なのに食べなかったり、いつもより食べ残しが多いことはないか。

☐食べ方：いつもと違う様子はないか（顔を傾けながら食べる、痛そうにするなど）、食べかすをこぼしながら食べていないか。

☐採食量、飲水量：食べ残しが多くないか。水を飲む量が多くないか。水を飲む量が少ないときは、まずは給水ボトルの位置や水が出ているかの確認を。

排泄物や排泄の様子をチェック

☐便の状態：下痢、軟便、血の混じった便をしていないか、便の粒が小さくなっていたり、量が減っているといったことがないか。

☐尿の状態：量が増えた、減った、また、血が混じっているなどの色の変化がないか。

☐排泄の様子：排泄しながら痛そうに力んでいたり、トイレにしている場所で排泄しようとしているのに時間がかかるといったことはないか。

呼吸の様子をチェック

☐呼吸の様子：鼻が詰まっていびきのような音を出していないか。口を開けて苦しそうに呼吸をしていたり、全身を使うようにして苦しそうに呼吸していないか。呼吸時に異音がしないか。

毛並みやグルーミングの様子をチェック

☐毛並み：毛がぼさぼさしていたり、フケが出ていることはないか、脱毛や傷、腫れやできものなどがないか。

☐グルーミングの様子：過剰にグルーミングをしていないか。体の一部だけをしつこく舐めたりかじったり、かゆがったりしていないか。同居の仲間同士のグルーミングで相手の毛をむしったり傷つけていないか。

ラットの便

お尻の周りが汚れていないかチェックしましょう。

スナネズミの便

目や口元、鼻、耳など、顔もよく観察しましょう。

体の様子をチェック

☐ **目やその周囲**：目が力強くいきいきと輝いているか。涙が多い、目やにが出ている、目の周囲が充血している、ポルフィリン（196ページ）で赤くなっている、傷がある、目が白くなっているといったことはないか。目を気にしてしきりに顔をグルーミングしたり、目がしょぼしょぼして開きにくそうにしていることはないか。

☐ **歯や口の周囲**：切歯が伸びすぎている、上下の歯が噛み合っていない、よだれが出ている、口が閉じられない、顎が腫れているといったことがないか。

☐ **鼻の周囲**：頻繁にくしゃみをしたり、鼻水が出ていないか。ポルフィリンで汚れたり、鼻の周りの被毛が抜けていないか。

☐ **耳の周囲**：耳介の傷や汚れ、耳の中の汚れはないか。しきりにかゆがることはないか。

☐ **四肢・指や爪**：四肢に傷や脱毛はないか。爪が折れていたり、指が腫れていな

いか。足の裏が腫れたり赤くなっていないか。

☐ **尾**：傷や汚れがないか、マウスやラットではリング状のくびれがないか、スナネズミでは脱毛がないか。

☐ **お尻の周囲**：排泄物や分泌物などで汚れていないか。オスの陰嚢の左右の大きさが違っていないか（陰嚢が大きいこと自体は正常）。

体重や体格をチェック

☐ **体重変化**：体重が減っていないか、成長期や妊娠中ではないのに体重が急増していないか。成長期なのに体重が増えないことはないか。体重測定は定期的に行う。

☐ **体格**：過度に太りすぎたり、痩せていたりしないか。

毛並みはきれいですか？ 適度にグルーミングをしていますか？

マウスの便

活動の様子をチェック

☐ 活動の様子：いつもは活発に遊んでいる
時間なのに寝ていたり、じっとしていること
はないか。同居しているネズミから離れて
うずくまっているようなことはないか。異様に
落ち着きがなかったり、急に攻撃的になる
など、いつもと行動が違うことはないか。

☐ 歩き方や体の動かし方、姿勢：ふらつ
き、足を引きずる、歩いているときに浮か
せている足があったりしないか。体や頭
部が傾いていることはないか。

「いつもと違う」という感覚も大切

具体的にどこかに異常があるわけではな
いものの、なんとなくいつもと様子が違うよう
な気がする、ということがあるかもしれません。
常にネズミの様子を見ている飼い主だからこ
そ気づくことです。気のせいや思いすごしで
はない場合もあるので、健康状態をよく観
察し、気になるようなら動物病院で診察を
受けましょう。

活動の様子は変わりありませんか？

休んでいる様子に変わりはありませんか？

痛みがあるときの様子

マウスとラットが痛みを感じている
ときの状態が報告されています。スナ
ネズミでも同様と考えられます。

急な痛みがあるときは、食べなくな
る、便が出ない、痛みのある場所を
かじる、鳴き声を出す、落ち着かな
い、ポルフィリンの分泌があるといっ
たことが見られます。

慢性的な痛みが続いているときは、
体重が減る、動きたがらない、毛づく
ろいをしなくなる、毛並みが悪くなる、
呼吸数が増えるといったことが見られ
ます。

また、マウスの研究で、痛みがある
ときはぎゅっと目を細めるなど、顔を
しかめることもわかっています。

動物病院を見つけておこう

迎えることが決まったら病院探しを

　ネズミを迎えることになったら、さまざまな準備に加えて動物病院探しも始めてください。ネズミなど犬猫以外の小動物は「エキゾチックペット」や「エキゾチックアニマル」と呼ばれます。犬猫の診察をする動物病院は非常に多いのですが、エキゾチックペットを診察してもらえる動物病院は、増加傾向にはあるものの、あまり多くはありません。地域差もあり、都市部に多い傾向にあります。こうしたことから、「近所に動物病院があるから安心」と思っていても、いざ連れていくと「エキゾチックペットは診察していない」と言われてしまう、ということも起こります。

　ネズミのような小さな動物は、体調を崩すとすぐに悪化することも少なくありません。具合が悪くなってから動物病院を探していては間に合わない場合もあります。また、より健康に飼うためにも、かかりつけの動物病院を見つけておくことはとても大切なのです。

動物病院の探し方

　インターネットで、「動物病院　エキゾチック　（地域名）」などのキーワードで検索する方法、すでにネズミ（あるいはエキゾチックペット）を飼育している飼い主から情報を得る方法、購入したペットショップやエキゾチックペットを扱うペットショップから情報を得る方法などがあるでしょう。

　よさそうな動物病院を見つけたら、ホームページで診療方針や診療案内（診療時間や休診日、予約制かどうかなど）を確認してみましょう。通院にかかりそうな時間もチェックを。ネズミへの負担を考えると近いほうがいいのですが、エキゾチックペットという性格上、離れたところにある病院を選ばざるを得ない場合もあります。

　そして、ネズミの健康診断を受けに行ってみましょう。清潔さや雰囲気を知ることができます。また、診てもらうのは動物ですが、実際には獣医師と飼い主がコミュニケーションをとることになるので、わからないことがあっても質問しやすいかなども判断して、信頼できるかかりつけ医、かかりつけ病院を見つけてください。

　また、緊急時のために、かかりつけ病院の診療時間外、休診日にやっている動物病院も調べておくとなお安心です。

前もってネズミを診てくれる病院を探しておきましょう。

ラットの骨格・内臓

　マウス、ラット、スナネズミはいずれも一般的なげっ歯目動物の体のしくみをしています。種類による体の構造の違いはそれほどありません。ここでは代表してラットの骨格図と内臓図を掲載します。

骨格：鎖骨があります（犬や猫など多くの四足歩行する動物にはありません）。

内臓：胃の解剖学的な特徴から、嘔吐することができません。腸は長く、腸管は体長の約9倍の長さがあります。盲腸は比較的大きいです（スナネズミの盲腸は発達していません）。ラットには胆嚢がないという大きな特徴があります。

　胆嚢は、肝臓で作られた胆汁をためておく組織です。胆汁とは、脂肪を消化するための消化酵素です。必要なときに胆嚢から分泌されて十二指腸で脂肪の消化を助けます。ラットの場合、肝臓から胆管や総胆管という管によって十二指腸に直接、胆汁が運ばれるようになっています。

【ラットの骨格】

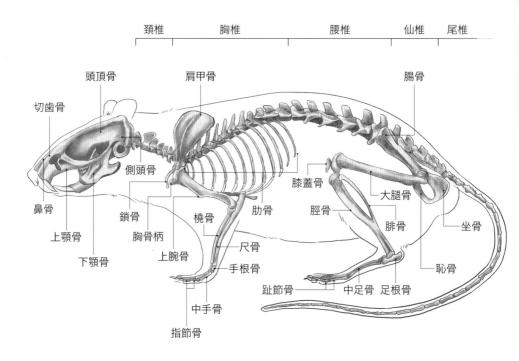

頚椎　胸椎　腰椎　仙椎　尾椎

頭頂骨　肩甲骨　腸骨　切歯骨　側頭骨　鼻骨　鎖骨　橈骨　肋骨　膝蓋骨　大腿骨　脛骨　腓骨　坐骨　上顎骨　胸骨柄　上腕骨　尺骨　手根骨　趾節骨　中足骨　足根骨　恥骨　下顎骨　中手骨　指節骨

【オスの骨と内臓の位置関係（右側）】

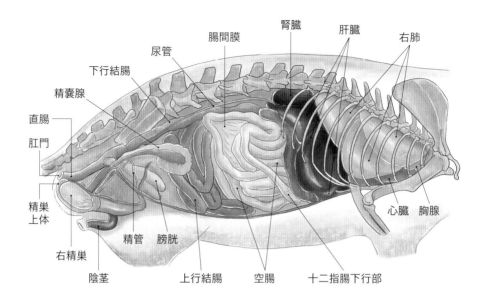

腎臓
肝臓
右肺
腸間膜
尿管
下行結腸
精嚢腺
直腸
肛門
精巣
上体
右精巣
陰茎
精管
膀胱
上行結腸
空腸
十二指腸下行部
心臓　胸腺

【メスの骨と内臓の位置関係（左側）】

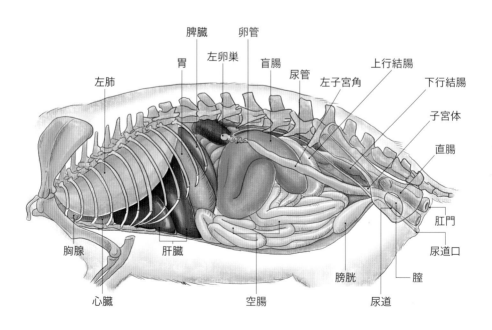

脾臓
卵管
胃
左卵巣
盲腸
尿管
上行結腸
左肺
左子宮角
下行結腸
子宮体
直腸
肛門
尿道口
膣
胸腺
肝臓
膀胱
尿道
心臓
空腸

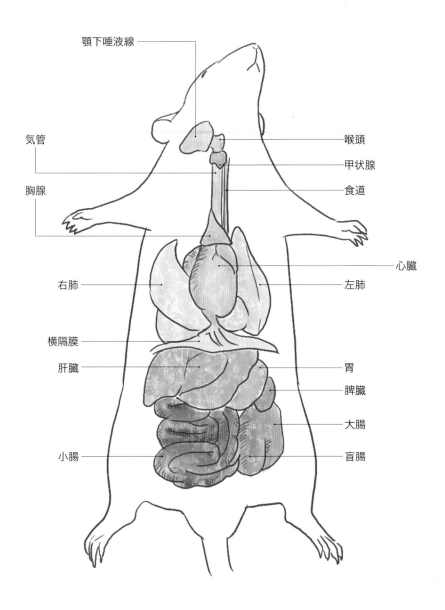

顎下唾液線

気管

胸腺

右肺

横隔膜

肝臓

小腸

喉頭

甲状腺

食道

心臓

左肺

胃

脾臓

大腸

盲腸

ネズミに多い病気

ネズミと病気

ネズミにも、人と同じようにさまざまな病気になる可能性があります。そのなかには、人と同じ仕組みで起こる同じ病気もあれば、それぞれのネズミ特有の病気もあります。

ここでは、ネズミによく見られる病気を中心に取り上げ、どんな病気なのか、どんな症状があるのか、どうすれば予防できるのかということについて解説します(掲載されていない病気にならないわけではありません)。

ネズミの病気の多くは、適切な飼育環境によって予防が可能ですが、老化といった避けられない要因で発症するものもあります。予防を心がけたうえで、異変があれば早期に発見し、早期治療や、環境を改善するようにしましょう。

ペットのネズミに特によく見られる病気

治療にあたって

病気が見つかり、治療を行うにあたっては、獣医師の説明をよく聞いて、わからないことがあれば質問し、納得したうえで治療を受けるようにしましょう。

利点とリスクを理解して選ぶ

病気によっては、手術で患部を切除するなどの積極的な治療、手術はしないが通院を続ける必要がある治療、生活の質を維持することを目的とした消極的な治療、といったものから選択しなくてはならないケースがあります。

その病気についての情報や治療方法の選択肢、それぞれの治療方法の利点やリスクなどを獣医師から聞いたうえで、どうするかを選びます。飼い主がよく考えて選んだ方法なら、それがネズミにとってもよい方法だといえるでしょう。

疑問があれば質問・相談を

治療の効果がどのくらいで出るかは、病気や薬の種類などによります。繰り返し投薬することで効果が期待できるものもあるので、すぐに改善しないからと投薬をやめたり、規定より多量の薬を飲ませるようなことはしないでください。

治療にあたって不明点や疑問点があるときは、自己判断せずに獣医師に相談することをおすすめします。

歯の病気

不正咬合

　ネズミの切歯（前歯）は、生涯にわたって伸び続けます。上下の切歯の噛み合わせが適切なら、食事をしたり、歯をこすり合わせたりすることで適度に削れるため、伸びすぎて問題になることはありません。

　ところが、ケージの金網をしつこくかじり続けたり、顔面をぶつけるなどの外傷で、切歯に外部からの力が強くかかると、歯がゆがんで伸びるようになります。上下が噛み合わなくなると、適度な長さに調節することができず、伸びすぎてしまいます。

　そうなると、ものを食べられなくなり、また、伸びすぎた歯で口腔を傷つけるなどさまざまな不具合が発生します。

　遺伝的に不正咬合を起こしやすい場合があります。

　治療としては、切歯を適切な長さに整えます。家庭でニッパーなどを使って切ることは、歯に負担がかかるので避けてください。歯が縦に割れて、歯根部に炎症が起きることがあります。

　一度発症すると、多くの場合、定期的に（月に1〜2度）動物病院で歯の長さを整える必要があります。

＊症状：ものを食べにくそうにする、食欲不振、そのために体重が減る、よだれが出る、よだれで口の周りや顎の下、胸元や、よだれを拭くので前足が汚れる、皮膚炎を起こす、涙が多くなる、鼻水など。

ラットの
不正咬合。

スナネズミの
切歯の不正咬合
（下顎切歯過長）。

スナネズミの
切歯の不正咬合
（上顎切歯欠損）。

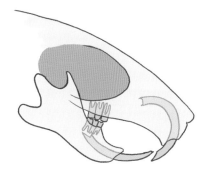
ラットの歯の模式図。切歯の歯根がとても長い。

※ 予防：ケージをかじる習慣をつけさせない
ようにします。落下事故に注意します。遺
伝性と考えられる場合は繁殖に使わないよ
うにします。歯を十分に使って食べること
のできる適切な食事を与えます。

　噛み合わせが適切なら、通常の食事や
自分でこすり合わせることでも伸びすぎは予
防できますが、かじり木をかじることで切歯の
適切な摩耗を促進している傾向もあるので、
かじり木があるといいでしょう。

そのほかの歯の病気

　外傷によって切歯が折れることがあります。
歯髄（歯の神経）が露出して細菌感染した
り、痛みのためにものが食べられなくなります。

　感染は歯根部にも広がります。切歯の
歯根はとても長く、上顎の歯根は鼻腔の近
くを通り眼窩のそばまで達しています。そのた
め、鼻炎を起こしたり涙や目やにが増えるこ
ともあります。下顎が腫れることもあります。

　ネズミの食事には炭水化物が多く含まれ
るため、口腔内の環境が細菌繁殖しやすく
なっています。そのため、歯周炎やう蝕（い
わゆる虫歯）も起こります。

目の病気

結膜炎

　結膜とは、まぶたの裏側と眼球の表面を
つなぐ粘膜のことで、下まぶたを反転したと
きに見えるところです。結膜に炎症が起きる
のが結膜炎です。パスツレラ菌やレンサ球
菌などの感染や、床材などのほこりが入った
り、それを気にして目をこすってしまう、不衛
生なためにアンモニア濃度が高いといった
刺激も原因になります。

　肺炎など呼吸器の病気が起きているとき
にも結膜炎が見られる場合があります。

　治療は、原因になっているものがあれば
除去する（床材を変える、適切な掃除など）ほか、
必要に応じて目の洗浄や抗生物質（眼軟
膏、点眼薬）を投与します。

※ 症状：涙が多い、目やに、目を気にする、
目の周りの脱毛、結膜が赤くなっている、
まぶたが腫れるなど。ポルフィリン（196ペー
ジ）に由来する赤い涙が見られることも。

※ 予防：細かいほこりの出ない床材を使いま
す。こまめな掃除で衛生的な環境を心が
けましょう。

角膜炎・角膜潰瘍

　角膜は、眼球の前面にあります。眼球の
最も外側にあり、傷がつきやすい組織です。
外傷などによって角膜に傷がつき、炎症を起
こす病気が角膜炎です。傷や炎症が角膜
の深くまで及ぶ病気が角膜潰瘍です。

　治療は、抗生物質の眼軟膏などを用い
て行います。より深刻な場合は眼球摘出も

選択肢となります。

❋症状：涙が多い、目やに、まぶたの痙攣、結膜の充血、角膜が白濁するなど。角膜が傷つくと痛みがあるため、目の周りを触られるのを嫌がる。

❋予防：多頭飼育での争いで目に傷がつくこともあるので、よく観察して必要があればケージを分けてください。尖った床材などを使わないようにします。

白内障

水晶体は、角膜より眼球の内側にあって、レンズの役割をしている組織です。この水晶体が白濁する病気が白内障です。

原因には、加齢によるもの、外傷によるもの、糖尿病によるものなどがあります。

治療は、必要に応じて進行を遅らせる点眼薬や白内障の進行を抑えるサプリメントを投与することがあります。

げっ歯目では、麻酔に関連した白内障も知られています。これは、通常一過性のもので麻酔から回復し、時間がたてば元に戻ります。

❋症状：水晶体が白濁するので、目が白く見える。いずれ視力を失うが、ネズミは視力以外の感覚に強く頼っているので、急激に飼育環境を変えなければ、比較的問題なく過ごすことができる。

❋予防：効果的な予防方法はありません。

ポルフィリン（赤色涙）

ポルフィリンに由来する赤色の「涙」が知られています。

眼球の後ろ側にあるハーダー腺から分泌される分泌液には、ポルフィリンという赤い色素成分が含まれています。色は赤いですが血液ではありません。

ポルフィリンが出ていても、通常はセルフ

ポルフィリン（目に赤い色素が付着したラット）

ポルフィリン（鼻孔に赤い色素が付着したラット）

白内障のラット。

スナネズミの眼球突出と角膜炎。

グルーミングできれいになるため、気がつきにくいのですが、強いストレスや慢性的な病気で体調が悪いときには分泌量が増えます。涙とともに鼻涙管（目から鼻に抜ける涙の通り道）を通って鼻に抜けるため、目や鼻孔の周りの毛がポルフィリンの色素で赤茶色になり、気づきやすくなります。ポルフィリンを含む涙自体に害はありませんが、ストレスとなっているものはないか、体調不良の原因はどこにあるのかをよく観察してみましょう。

左右どちらか側だけに見られる場合、鼻涙管が詰まっているか、片方のハーダー腺が萎縮しているのかもしれません。

治療はストレスを取り除くことと、慢性的な病気があるならその治療を行います。

❋症状：目や鼻孔の周囲が赤茶色になるほか、グルーミングで前足についたものが顔全体に広がることも。

❋予防：適切な飼育管理でストレスを軽減し、病気を予防します。

唾液腺涙腺炎ウイルス感染症

唾液腺涙腺炎ウイルスによる、ラットに特有の感染症です。唾液腺が腫れるために顎も腫れ（おたふく風邪のように見える）、そのあと涙腺炎が起こり、目の周囲にポルフィリンが付着します。一過性のもので長くても30日以内に回復します。死亡率は低いですが、ほかの個体に対する感染力が強い病気です。

呼吸器の病気

マイコプラズマ症

マイコプラズマ菌の感染によって起こる呼吸器感染症です。マウスやラットによく見られます。

飛沫感染で感染が広がります。

通常、感染しても無症状です（不顕性感染）。ストレス、不衛生でアンモニア濃度が濃い環境、ほかの呼吸器の病気があるときなどに発症します。ビタミンA、Eの欠乏症も原因として考えられています。

治療は抗生物質を投与します。

死亡率は低いですが、一度感染すると菌を根絶することはできず、症状が出なくなってからも上部気道（鼻、鼻腔、咽頭、喉頭）にとどまることが多いです。

マイコプラズマ菌の別の種類は、四肢に化膿性の関節炎が起きる原因になります。

❋症状：くしゃみ、鼻水、涙目、目やに、鼻水が出るために顔のセルフグルーミングが増える、食欲不振、体重減少、毛並みが悪くなる、背中を丸めてじっとしている、ポルフィリンで目や鼻の周りが汚れるなど。マイコプラズマの感染により鼻炎などが生じる。鼻道に炎症が起きたり膿が出るため、鼻が詰まったような呼吸音になったり、努力性呼吸（全身を使うようにして呼吸をする）、呼吸困難を起こす。感染が生殖器に及ぶと不妊症など、内耳に及ぶと斜頸や旋回などの神経症状も。

❋予防：新たに迎える個体は検疫期間を設け、感染が広がるのを防ぎましょう。過

密飼育などのストレスを避けて適切な飼育管理を行います。隙間風や急激な温度差を避けましょう。感染している個体が出たら、分けて飼育します。ほかの呼吸器感染症が見られる場合はきちんと治療し、悪化させないようにします。

センダイウイルス感染症

センダイウイルスがマウス、ラットに感染して起こる呼吸器感染症です。実験動物の分野では世界中で見られる感染症ですが、近年は大きく減少しています。

異常な呼吸音、立毛（被毛が逆立っている）、痩せる、呼吸困難などの症状が見られます。若齢個体で死亡率が高い感染症です。

そのほかの呼吸器の病気

呼吸器の感染症はマウスやラットに多く、スナネズミではそれほど多くありません。

前述のマイコプラズマ菌のほかに、レンサ球菌、コリネバクテリウム菌といった病原菌やウイルスなどが、上部気道や下部気道（気管、気管支、肺）に感染して発症します。細菌性の肺炎ではレンサ球菌による場合が多いです。複合感染することもよくあります。

感染していても、その個体が健康なら症状を示さないこともありますが、急激な温度差、隙間風、汚れた空気（トイレ掃除をせずアンモニア濃度が濃い）といった環境、過密飼育などのストレス、栄養状態が悪いことなどで発症します。

飛沫感染で広がるので、多頭飼育している場合は発症した個体を分けて飼育します。

治療は、必要に応じて抗生物質や抗炎症剤を投与します。呼吸が苦しそうな場合は、酸素室を使用するとよい場合があります（220ページ参照）。

レンサ球菌は人と動物の共通感染症です。

❋症状：「マイコプラズマ症」を参照。

❋予防：「マイコプラズマ症」を参照。

消化器の病気

サルモネラ症

サルモネラ菌による感染症です。サルモネラ菌はネズミに限らず、人をはじめ多くの動物に感染します。カメなどの爬虫類から人に感染するケースがよく知られています。

感染している動物の糞便や、糞便で汚染された床材や食べ物を介して広がります。不顕性感染の場合、ストレスなどで発症することがあります。

治療は、下痢が続いて脱水があるようなら補液をするなどの対症療法や、必要に応じて抗生物質の投与を行います。

❋症状：元気がなくなる、立毛、食欲不振、体重減少、軟便や下痢、脾臓や膵臓が腫れるため腹部がふくらんで見えるなど。急性の場合には敗血症を起こして死亡することもある。

❋予防：新たに迎える個体は検疫期間を設けます。衛生的な環境を心がけます。感染している個体が出たら、分けて飼育

します。野生のネズミ（ドブネズミやクマネズミ、ハツカネズミなど）と接することで感染するおそれがあるので、そうした環境で飼育している場合は注意してください。

下痢

下痢はネズミによく見られる症状です。原因はさまざまです。

❶食べ物：食事の内容を急に大きく変えると、腸内細菌叢のバランスが崩れます。ペレットなど水分の少ない食べ物が中心になっている個体に、水分の多いもの（生野菜など）を多量に与えると便がゆるくなります。傷んだ食べ物による食中毒もあります。

❷ストレス：飼育環境が急激に変わるなどの大きなストレスが原因になります。

❸病原体の感染：大腸菌やサルモネラ菌、内部寄生虫などの感染が原因になります。

❹抗生物質：抗生物質は細菌感染症の治療のさいに使われることの多い薬剤ですが、腸内細菌叢のバランスが崩れることがあります。こうしたときにはクロストリジウム菌が増殖し、この菌が作り出す毒素による腸性毒血症が起こります。

治療は必要に応じて、整腸剤や下痢止めの投与、補液などの水分補給を行います。抗生物質を使用する場合は適切な種類を投与します。巣箱に食べ物を隠す習性がある場合は、傷んだものを隠していないかチェックし、処分しましょう。

✼症状：軟便、下痢。肛門の周囲が下痢便で汚れる。痛みがある場合は背中を丸めてじっとしていることも。下痢が激しいと直腸脱。

✼予防：適切な健康管理や衛生管理を行いましょう。与えたことのないものを与えるときは様子を見ながら少量ずつ与えるようにします。傷んだ食べ物や毒性のあるものを与えないようにします。

便秘

なんらかの理由で消化管の動きが停滞し、便が少なくなったり、出なくなることがあります。

❶ものが詰まって起こる腸閉塞：ネズミが、消化できないもの（ビニールなど）をかじって飲み込むと、腸管に詰まってしまいます。

❷機能が停滞して起こる腸閉塞：強いストレスによって消化管の動きが鈍くなると、食べたものが消化管を流れていかなくなります。

❸鼓脹症：食べ物が消化管にたまっているとガスが発生しやすくなり、鼓脹症となります。腹部がふくらんで見えます。

❹摂食量の減少：食欲不振が続けば、作られる便の量も減ってしまいます。

治療は、必要に応じて補液、消化管運動促進剤、鎮痛剤、抗炎症剤などを投与します。便が出ないからとむやみにマッサージなどはしないようにしてください。

✼症状：便が小さくなる、量が減る、出なくなるといった便の異常。排便時に痛そう、腹部がふくらむ、ガスがたまっていると痛みがあるために背中を丸めてじっとしている、腹部を触られるのを嫌がるなど。

✼予防：異物をかじる危険のない環境作り

をします。 食事をはじめとして適切な飼育環境を整え、ストレスを減らすよう心がけます。

内部寄生虫

内部寄生虫とは、主に消化管内に寄生する寄生生物のことで、原虫類（ジアルジア、コクシジウムなど）、線虫類（蟯虫）、条虫類（縮小条虫、小形条虫など）があります。

感染しても無症状だったり、軽度なことも多いようですが、重度に感染すれば症状は出ますので、予防が大切です。

寄生虫には宿主特異性がありますが（ある寄生虫は特定の動物種に寄生する）、スナネズミはほかの動物の寄生虫の感染も成立するうえ、共生関係が持続することが知られています。

治療は、抗原虫薬を投与します。

✳予防：新たに迎える個体は検疫期間を設け、感染が広がるのを防ぎましょう。感染している個体が出たら分けて飼育します。衛生的な環境を心がけましょう。条虫のように昆虫や猫などが関与することがあるので、それらと接触する機会を作らないようにします。

《原虫類》

⬤ジアルジア原虫の感染でジアルジア症を発症します。ジアルジア原虫はマウス、ラットへの感染が知られています。

小腸に寄生して増殖し、糞便中にシスト（原虫の成長と増殖過程のひとつで休眠状態になっている）を排出し、床材や食べ物、水などを経由して経口感染します。大量に感染すると腸炎を起こします。

✳症状：多くの場合は無症状。重度の寄生があると体重減少、腹部のふくらみ、下痢。

⬤コクシジウム原虫の感染でコクシジウム症を発症します。コクシジウム原虫は種類によって感染する動物種や体内の部位が異なります（小腸、大腸、肝臓）。マウス、ラットへの感染が知られています。

小腸や大腸に寄生して増殖、糞便中にオーシスト（原虫の成長と増殖過程のひとつで卵のようなもの）を排出し、床材や食べ物、水などを経由して経口感染します。

✳症状：多くの場合は無症状。幼若個体で軟便や下痢が見られる。

《線虫類（蟯虫）》

蟯虫の種類によって感染するネズミが決まっています。

蟯虫は卵を肛門周囲に産みつけます。そのため、グルーミングするさいに摂取してしまい、感染が繰り返されます。虫卵は耐性が強く、ネズミの体を離れても長期間生存します。

ネズミモウチョウギョウチュウ：
主にマウスの盲腸に寄生

ラットモウチョウギョウチュウ：
主にラットの盲腸に寄生

ネズミダイチョウギョウチュウ：
主にマウスの盲腸に寄生、ラットへの寄生もある

スナネズミショウチョウギョウチュウ：
スナネズミに寄生（和名は仮称）

✳症状：通常、病原性はない。重度の寄生があると、直腸脱や下痢、体重減少、毛並みが悪くなる、成長阻害など。

《条虫類》

● 縮小条虫

　　ラット条虫とも呼ばれますが、マウスやそのほかのげっ歯目の動物にも感染します。

　　昆虫が中間宿主となっていて、糞便中に混じって排出された虫卵を昆虫が食べ、その昆虫をネズミ食べることで感染します。

　　※症状：通常は無症状。重度の寄生があると、下痢、体重減少など。

● 猫条虫の幼虫

　　猫条虫の幼虫である帯状嚢尾虫の感染がマウス、ラットで知られています。ネコ科動物の糞便に混じって排出された虫卵をネズミが口にすることで感染します。

　　※症状：通常は無症状。重度の寄生があると、腹部膨満、無気力、体重減少など。

● 小形条虫

　　マウス、ラット、スナネズミなどげっ歯目動物のほか、人への感染も見られます。ラットではまれだといわれます。便中に混じって排出された虫卵を昆虫が食べ、その昆虫をネズミが食べることで感染します。ほかの条虫と違って、中間宿主がいなくても増えるという特徴があります。

　　※症状：通常は無症状。重度の寄生があると、体重減少、下痢など。

スナネズミの下痢。

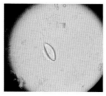

内部寄生生虫・蟯虫卵(ラット)

ティザー病

　　クロストリジウム菌が原因の感染症です。実験動物の分野で見られる病気です。マウスやラットなど多くの動物に感染する病気ですが、ネズミのなかでは特にスナネズミに感染しやすいことがわかっています。

　　感染しても無症状なことが多いですが、ストレスなどで免疫力が低下していると発症し、下痢、体重減少、食欲不振などの症状が見られます。離乳したばかりの個体では死亡することも多いです。

マウス肝炎ウイルス感染症

　　マウス肝炎ウイルスが原因の感染症です。実験動物の分野で見られる病気です。コロナウイルスの一種で、感染力がとても強いことが知られています。

　　成体のマウスでは不顕性感染です。免疫力が低下していると肝炎を起こします。幼いマウスに感染すると影響が大きく、肝炎や腸炎になり、下痢や脱水などが見られます。2週齢くらいまでだと死亡することも多いです。

泌尿器の病気

腎臓疾患

腎臓疾患は、高齢になると増える病気です。初期症状がわかりにくいことが多く、また、いったん腎臓の組織が壊れると回復することができません。

✳予防：腎臓に負担をかける高タンパクすぎる食べ物の過剰摂取に注意するとともに、尿検査など定期的な健康診断を受け、早期発見を心がけましょう。

《慢性進行性腎症》

マウスやラット、特にオスで高齢のラットに多く見られます。年齢が進むとともに重度になることが多いようです。

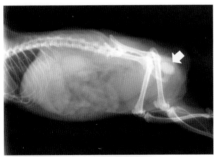

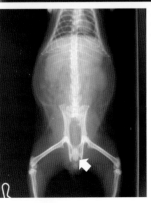

ストルバイト結石のラットのレントゲン写真。

治療は、補液などの水分補給を行います。低タンパクの食事を与えるようにします。

✳症状：多飲多尿、体重減少、元気がない、毛並みが悪くなるなど。尿検査をするとタンパク尿が出ている。

《慢性間質性腎炎》

高齢のスナネズミに多く見られます。腎臓の間質という部分に炎症が起きます。

治療は、必要に応じてビタミン剤の投与や補液を行います。低タンパクの食事を与えるようにします。

✳症状：体重減少、食欲不振、多飲多尿など。

レプトスピラ症

レプトスピラ菌の感染で起こる感染症です。

尿に混じって排出されたレプトスピラ菌によって汚染された床材、食べ物、水などが

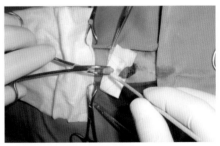

ストルバイト結石の摘出手術（ラット）。

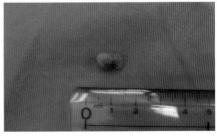

ラットの体内に入っていたストルバイト結石。

感染源となります。無症状でも、長期にわたって尿中に菌を排出し続けます。

ペットのネズミが感染する機会はまれですが、野生のネズミから感染するおそれはあるので、そうした環境で飼育している場合は注意してください。

治療は、抗生物質を投与します。

レプトスピラ症は人と動物の共通感染症です。

✳症状：無症状が多い。発熱、元気消失、食欲不振、じっとして動かない、脱水、粘膜の充血など。

✳予防：野生ネズミと接触することのないようにします。飼育環境を衛生的に保ちましょう。

そのほかの泌尿器の病気

小動物でよく見られる膀胱炎（ぼうこうえん）や結石症（けっせきしょう）は、あまり多くないようです。

オスのマウスでは、細菌感染などによる尿道閉塞（へいそく）があることが知られています。ラットでは結石の成分はストルバイトという報告が多いようです。

生殖器の病気

卵巣嚢胞

卵巣内には卵胞という組織があります。その中には卵子が入っており、排卵のさいには卵胞が破れて卵子が放出されます。ところが卵胞が破れずに、液体のたまった袋（嚢胞（のうほう））として残り、そのサイズが大きくなってしまうのが卵巣嚢胞（らんそうのうほう）です。卵巣は左右に存在しますが、多くの場合、左右ともにできます。

高齢スナネズミのメスに多く見られます。時間の経過で治ることもありますが、嚢胞が直径5cmにまで大きくなることもあります。

治療は、大きくなるようなら体外から針を刺して嚢胞の内容物を抜くか、子宮卵巣摘出手術をする場合もあります。

✳症状：脱毛（ホルモン性のもので、左右対称の脱毛が見られる）、嚢胞が大きくなるとお腹がふくれる、元気がない、食欲不振、呼吸困難など。

✳予防：発症しない方法は子宮卵巣摘出手術ですが、予防的に行われることはあまりありません。早期発見を心がけましょう。

皮膚の病気

細菌性皮膚炎

細菌感染によって皮膚に炎症が起きる病気です。皮膚に傷があるほかに皮膚の病気があって皮膚が弱っている、ほかの病気や高齢のために免疫機能が低下している、といった場合に、黄色ブドウ球菌やレンサ球菌、パスツレラ菌などの細菌が感染しやすくなります。

スナネズミは、腹部にある臭腺が細菌感染することがあります。

治療は、必要に応じて患部の洗浄、抗生物質や抗炎症剤などを投与します。

✳症状：皮膚が赤くなる、脱毛する、化膿（かのう）する、潰瘍（かいよう）になるなど。

✳予防：適切な飼育環境を整え、こまめな

掃除を行いましょう。ケンカによる傷が原因になることもあるので、相性の悪い多頭飼育は分けるなどの対策を。

《足底皮膚炎》

足の裏は皮膚炎が起こりやすい部位のひとつです。粗い床材、硬い金網などで足の裏に傷がつき、そこから細菌感染し、不衛生で湿っぽい床材によって皮膚の状態が悪くなって細菌感染が起きることがあります。肥満で足にかかる負担が大きいことも足底皮膚炎を起こしやすい要因です。

《膿瘍》

細菌感染して、皮下に膿がたまって腫れたものを「膿瘍」といいます。

抗生物質の投与で治ることもありますが、患部を切開して膿を出し、洗浄したうえで投薬を続ける場合もあります。

皮膚の腫れが膿瘍ではなく腫瘍の場合もあります。鑑別のために、腫れた部分の細胞や組織を取り出し、検査する場合もあります。

ソアノーズ

鼻部に起こる脱毛や皮膚炎のことです。鼻部の脱毛はマウスやラットにも見られますが、特にスナネズミの場合にソアノーズと呼ばれています。鼻潰瘍、鼻部皮膚炎ともいいます。

スナネズミはよく穴掘り行動をします。そのさいに鼻の周囲をこすり、鼻部に脱毛や炎症が起こります。炎症が起こりやすい原因のひとつにポルフィリン（196ページ）があります。ポルフィリンには皮膚を刺激して炎症を起こしやすくする作用があります。

ソアノーズの背景にはストレスがあります。

退屈するなどのストレスは穴掘り行動を増やすうえ、過密飼育や高湿度（50％以上）などのストレスがあるとポルフィリンの分泌が増え、ソアノーズが起こりやすくなります。

治療は、過密飼育の改善や適切な湿度管理、衛生管理を行うほか、必要に応じて抗生物質や抗炎症剤を投与します。

なお鼻部の脱毛はケージの金網を執拗にかじる個体でも見られます。

❈症状：鼻孔の周囲の皮膚が赤くなる、脱毛、皮膚炎など。ポルフィリンによって鼻の周囲が赤茶色になったり、グルーミングによって前足の内側や顔全体に赤茶色の汚れが広がるなど。

❈予防：温度や湿度の管理、衛生管理、飼育頭数の管理など、適切な飼育管理を行いましょう。砂浴びによって被毛の汚れを軽減させることができます。

皮膚糸状菌症

皮膚糸状菌という真菌（カビの一種）の感染によって起こる皮膚の病気です。真菌症ともいいます。円形に脱毛することからリングワーム（輪癬）とも呼ばれます。

動物に感染する皮膚糸状菌には、毛瘡白癬菌、犬小胞子菌、石膏状小胞子菌があり、そのうちげっ歯目には毛瘡白癬菌の感染が多いですが、犬小胞子菌や石膏状小胞子菌も感染します。被毛を採取して培養検査を行い、種類を調べます。

個体の免疫力があれば、感染しても発症しませんが高齢や幼い個体、健康状態の悪い個体、不適切な飼育環境やストレスがあると発症しやすくなります。

感染している個体に触ったり、その個体

が触れた床材などを触ることでほかの個体にも感染します。

治療は、抗真菌剤を投与します。必要に応じて薬浴を行います。治療には数週間かかることもあります。

人と動物の共通感染症です。

＊症状：多くは無症状。発症すると、薄毛、脱毛（円形ではないこともある）、発赤、フケ、炎症、かさぶたなど。通常、かゆみはないが、軽いかゆみがあることも。

＊予防：適切な飼育管理を心がけます。発症している個体はほかの個体と分けてください。

リングテール

特に幼いラットに多く起こる、尾の異常です。幼いマウス、成体のマウスやラットにも見られます。実験動物に多い病気ですが、ペットのネズミにもまれに見られます。

湿度が低く（40％以下）、乾燥した状態になっているとき、尾の組織がリング状に尾を締め付けてくびれができます。吸水性のよすぎる床材を用いている場合や、必須脂肪酸の不足も原因ともいわれます。

軽度なら治れば回復しますが、中度以上の症状だと、リング状になった部分は元に戻らないことが多いようです。

治療は、飼育環境の改善を行います。適切な湿度（50％以上）にし、吸水性のよすぎない床材に交換します。栄養バランスのよい食事を与えます。不飽和脂肪酸を食事に加えるか、ラノリンを塗布するという方法もあります。重度の場合には断尾手術をする場合があります。

＊症状：尾のむくみや炎症。進行すると締め付けがはっきりとわかり、重度になると、リングより先の尾が脱落することも。

＊予防：湿度や床材を含む適切な飼育環境を心がけましょう。特に冬場は湿度が低くなりがちなので、加湿器などを用いるとよいでしょう。

尾抜け

スナネズミの尾には、マウスやラットと異なり、被毛が密に生えています。尾の骨（尾椎）はわずかな皮下組織と薄い皮膚（そこに被毛が生えている）で覆われているだけです。そのため、尾をつかむと、ちょうどペンのキャップを抜くように、皮膚が簡単に引き抜けてしまい、尾椎と皮下組織が露出します。出血はほとんどありませんが、皮膚に保護されていないために細菌感染のリスクがあります。

尾の皮膚が再生することはないので、放っておくと壊死して脱落し、尾が短くなります。ネズミが気にしてかじることもあります。

尾をつかんだときに皮膚が抜けず、尾が途中で切れる場合もあります。

治療は、細菌感染が考えられる場合は抗生物質を投与します。皮膚が残っている部分で切断することもあります。

多くはありませんが、マウスやラットでも尾をつかむと皮膚が抜けることはあります。

＊症状：尾椎や皮下組織の露出、壊死、尾の切断など。

＊予防：尾をつかまないようにしてください。遊ばせているときには尾を踏まないように注意を。とっさにネズミを持ち上げる必要があり、尾をつかむ以外に方法がない場合は、できるだけ尾の根元をつかんで持ち上げ、すぐに容器などに入れるようにします。

外部寄生虫

ネズミにはダニ、シラミ、ノミなどの外部寄生虫が寄生することがあります。ダニ、シラミは宿主特異性（しゅくしゅとくいせい）が高く、ノミの寄生はまれです。

治療は駆虫剤を用いて行います。駆虫剤は通常、虫卵には効果がないので、寄生虫のライフサイクルを考え、繰り返し駆虫します。

❋予防：寄生を受けている個体との接触を避けましょう。衛生的な飼育環境を心がけ、ストレスの少ない、免疫力を高いレベルで維持できる適正な飼育管理を行います。屋外飼育の犬や猫にはノミがいる可能性が高いので、接触させないようにしてください。

《ダニ》

ペットのネズミには被毛ダニと毛包虫がよく見られます。ダニが寄生している動物と接触するか、床材などを介して伝播します。

下記のほか、イエダニが寄生することがあります。野生のネズミに寄生しているので、接触することのないようにします。寄生されると、重度のかゆみや貧血（ひんけつ）が見られます。

❍ 被毛ダニ

生涯を宿主の体表上で過ごし、被毛に卵を産みつけます。

❋症状：大量に寄生されているとかゆがる。落ち着きがない、毛並みが悪くなる、薄毛や脱毛、フケ、かさぶたなど。

ネズミケモチダニ：
マウスに寄生。ライフサイクル12〜13日。

ネズミケクイダニ：
マウスに寄生。ライフサイクル約2週間。

ハツカネズミラドフォードケモチダニ：
マウスに寄生。ライフサイクル12〜13日。

イエネズミラドフォードケモチダニ：ラットに寄生。ライフサイクル12〜13日。

❍ 毛包虫（ニキビダニ）

毛包（もうほう）（袋状になった被毛の付け根）や皮脂腺の中に住みつくダニです。

高齢、体調が悪いとき、過密飼育によるストレスなどで免疫力が低下していると発症しやすくなります。

❋症状：脱毛、フケ、発赤など。

《シラミ》

宿主特異性（しゅくしゅとくいせい）が高く、宿主動物以外には寄生しません。ペットのネズミではあまり見られません。

❋症状：かゆみ、脱毛（だつもう）、多量の寄生があると貧血など。幼い個体だと発育不良。

ハツカネズミジラミ：
マウスに寄生。ライフサイクル13日。

イエネズミジラミ：
ラットに寄生。ライフサイクル26日。

《ノミ》

犬や猫からノミ（特にネコノミ）が寄生することがまれにあります。ノミの卵は宿主から離れて生活環境内で孵化し、フケなどを食べて成長して、動物に寄生します。犬や猫と直接接触しなくても寄生を受けることがあるので、衛生的な飼育環境を心がける必要があります。

❋症状：ノミ、あるいはノミの糞を被毛の間に発見する、かゆがるなど。

そのほかの皮膚の病気

前述のような皮膚の病気、同居している優位な個体にかじられる毛咬（けが）み、ホルモン

バランスの異常、栄養バランスが悪いこと、アレルギー性などさまざまな理由での脱毛が見られます。

　また、外耳炎も見られます。外耳（耳介から鼓膜まで）に炎症が起こる病気です。耳に傷があると細菌感染したり、不衛生な環境だと細菌の増殖を促して感染しやすくなります。耳ダニの寄生も外耳炎の原因になります。

ソアノーズのスナネズミ。

エクトロメリア（マウスポックス）

　エクトロメリアウイルスの感染によって起こるマウスの感染症で、実験動物施設で見られるものです。急性だと毛並みが乱れる、結膜炎、顔がむくむなどの症状があり、急死もあります。慢性だと発疹や腫れ、潰瘍、顔面にかさぶたができるほか、四肢端や尾の脱落が見られます。

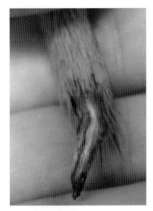

スナネズミの尾抜け。

潰瘍性皮膚炎（二次的な細菌性皮膚炎）のラット。

足底皮膚炎（ラット）

スナネズミの外耳炎。

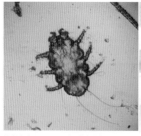

外部寄生虫・ケモチダニ感染症（ラット）

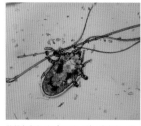

外部寄生虫・ネズミケクイダニ感染症。全身の毛が薄くなっているマウス。

スナネズミの皮膚糸状菌症

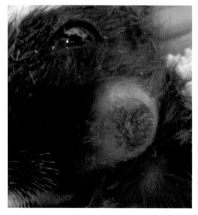

スナネズミの膿瘍。左側頬部に腫瘤が形成され細針生検により膿瘍であることが確認された。

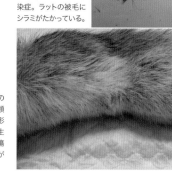

外部寄生虫・シラミ感染症。ラットの被毛にシラミがたかっている。

筋骨格・神経の病気

関節炎

　高齢になると増える関節の病気です。加齢によって関節の軟骨が変形したりすり減る

ため、動くときに痛みを感じるようになります。症状が進行すると少し動こうとするだけでも痛いため、動きたがらなくなります。

　完治は困難ですが、必要に応じて抗炎症剤を投与します。じっとしていることが増えるので、床材はやわらかく衛生的なものを用意しましょう。

❋症状：動きたがらない、動き出すのに時間がかかる、動きがこわばって見える、足を浮かせて歩く、足を引きずって歩く、関節が腫れるなど。

❋予防：決定的な予防策はありませんが、十分な運動のできる適切な飼育環境で飼育し、太りすぎないように食事管理を行いましょう。よく様子を見て早期発見を心がけてください。

斜頸

斜頸は病名ではなく、首が傾く症状のことです。軽度なら、少し首をかしげているくらいで、よく見ないと気づかない程度ですが、重度になると首が完全に傾き、旋回（首の傾きを軸にして回転する）するなど、自分の体が制御できなくなることもあります。

原因のひとつは、中耳や内耳への細菌感染により、耳の奥にある平衡感覚をつかさどる機能が侵されることです。脳炎などによって中枢機能が侵されたとき、下垂体腫瘍があるとき、外傷で頭部を損傷したときにも斜頸が見られます。

軽度の斜頸なら、その状態に慣れて生活していくことができますが、傾きがひどくなると、ものを食べたり水を飲んだりするのも難しく、バランスがとれずにものにぶつかったり落下するといった危険も出てきます。食事の補助や安全な環境作りが必要です。

治療は、発症直後ならステロイド剤や抗生物質の投与で効果が見られる場合もありますが、完治は困難です。

❋症状：首が傾く、旋回、バランスを失うなど。

❋予防：中耳炎などの原因になりやすい呼吸器の感染症を予防します。落下事故などの外傷にも注意を。早期発見を心がけましょう。

スナネズミのてんかん様発作

てんかん様発作はスナネズミで多く見られるものです。マウスやラットでも起こることはありますが、ここではスナネズミのてんかん様発作について説明します。

てんかん様発作は、脳神経細胞の異常興奮によって起きるものです。脳のグルタミン合成酵素の欠乏によって引き起こされるともいわれます。急に発作を起こすことで捕食者をためらわせる生き残り戦術ではないかという資料もあります。

発作は性成熟前後から見られるようになります。スナネズミのうち約20～40％は、生後2ヶ月頃から発作を起こすようになるという情報があります。生後6ヶ月がピークともいわれます。

驚いたり興奮することが発作のきっかけです。急な物音、いきなりつかむ、慣れていないケージに置かれたことなどがあります。

発作は30秒～2分ほど続きます。発作から覚めると、激しくスタンピングすることがあります。発作のあとは正常に戻ります。

治療の必要は特になく、発作を起こしたら慣れたケージ内に入れて安静にさせておきましょう。発作がスナネズミの健康に与える影響は知られていません。

❋症状：フリーズする（固まったように動かなくなる）、催眠状態のようになる、痙攣を起こしたり、手足を突っ張るなど。

❋予防：スナネズミを驚かさないようにしましょう。幼いうちから人の手によく慣らしておき

ます。生後3週齢までに十分慣らしておくと発作が起こりにくいともいわれています。ペットショップで購入する場合、すでにその時期は過ぎていますが、成体であっても毎日、手で触れることによって発作が起こる割合が減る（触れなくなるとまた増える）というデータがあります。

　発作を起こしやすい系統とそうでない系統があるようです。遺伝性と考えられているので、発作を起こす個体は繁殖に使わないようにします。

不全麻痺、麻痺

　中枢神経（脳と脊髄）や末梢神経（中枢神経以外の神経）が何らかの理由で侵され、体が部分的に動かせなくなる「不全麻痺」、完全に動かせなくなる「麻痺」があります。ペットのネズミでは、落下事故などの外傷で脊椎を損傷して起こる麻痺や、脊椎の圧迫などによる老齢性の麻痺などがあります。

　歩くことが難しくなるほかに、排尿困難になって下腹部を尿で汚す、毛づくろいができなくなるために皮膚と被毛の状態が悪化するといったことにより、皮膚炎が発症することもあります。

　老齢性の場合、症状は徐々に進行し、初期には尾を持ち上げられなくなる（そのため尾が汚れやすくなる）、動きがぎこちなくなる、食事のさいに体がぐらつくといったことも観察されます。

　完治させることは難しいですが、事故など急性の場合にはステロイド剤を投与することで効果が見られることもあります。

　安全で快適な飼育環境を作り、生活の質を高めてあげましょう（218ページ参照）。

※症状：後ろ足が動かない、後ろ足を引きずって移動する、じっとして動かないなど。

※予防：安全な環境を作り、落下事故や踏んでしまうといったことのないようにします。また、若いうちから適度な運動によって健康状態を高いレベルで維持します。ハンドリングできるようにしておくと、看護にあたって人もネズミも負担が減るでしょう。

斜頸のラット。

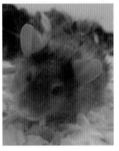

斜頸のマウス。

腫瘍

　腫瘍はネズミによく見られる病気です。特に高齢になると腫瘍の発生率は高くなります。

　本来、動物の体の細胞は一定の制御のもとで増殖したり、古い細胞が新しい細胞に置き換わったりしていますが、制御がきかずに異常増殖することがあります。増殖速度が遅く、周囲の健康な組織との境界

がはっきりしていて転移の可能性の低い「良性腫瘍」と、増殖速度が速く、周囲の組織を侵して増殖し、転移の可能性の高い「悪性腫瘍(がん)」があります。

　治療は、腫瘍のできた部位や状態(腫瘍の大きさや位置、血管の状況、腫瘍の種類)、個体の年齢や健康状態によって異なります。切除が可能なら切除手術が選択肢になります。ネズミは実験動物としてがん治療の研究のために用いられることは多いのですが、ペットのネズミの腫瘍の治療方法はまだあまり研究されていません。

　積極的な治療をせず、生活の質を高めるための対症療法を行う、というのも選択肢です。獣医師とよく相談して決めるとよいでしょう。

＊症状：発生部位によってさまざま。体重減少、体重増加、皮下のしこり、腹部のふくらみ、貧血、元気がなくなるなど。

＊予防：腫瘍を予防する決定的な方法はありません。適切な飼育管理を行い、免疫力を高めることでリスクを軽減することはできるでしょう。高カロリーすぎる食事は

避け、栄養バランスのとれた食事を与えましょう。早期発見のため、健康チェックも大切です。

《マウスに多い腫瘍》

　ペットのマウスでは乳腺腫瘍が最も多く、ほかにはリンパ腫、原発性肺腫瘍が頻繁に発生します。マウスの乳腺腫瘍は悪性のことが多いようです。

《ラットに多い腫瘍》

　ラットでも乳腺腫瘍が多く、オス、メスともに発生します。腫瘍はとても大きくなり、直径8〜10cmになるといわれています。ラットの乳腺腫瘍は良性のことが多いようです。ほかには、高齢の個体で下垂体の腫瘍が多いようです。またラットでは、耳のそばにあるジンバル腺という皮脂腺の腫瘍が知られています。

《スナネズミに多い腫瘍》

　スナネズミでは、2〜3歳を過ぎると、約25〜40％に腫瘍ができることが知られています。メスの卵巣腫瘍、オスの皮脂腺腫瘍が特に多く見られます。

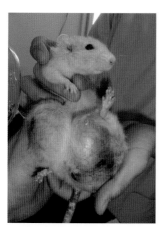

乳腺腫瘍が疑われるラット。

マウスの唾液腺腺癌。

マウスの皮脂腺腫(腹部)。

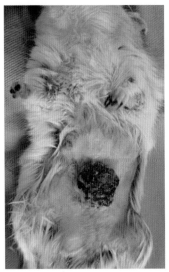

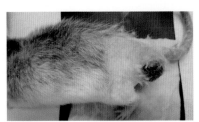

ラットの線維肉腫。

スナネズミの臭腺の腫瘍。

スナネズミの臭腺の腫瘍。

ケガ

ネズミは、さまざまな理由でケガをすることがあります。

《ケンカ》

ネズミ同士のケンカで、噛まれたり引っかかれたりして傷ができます。細菌感染して膿瘍になることもあります。

小さな傷で出血が止まっていれば問題ないことも多いですが、ネズミの歯は鋭くて長いので、小さくても深い傷になっていることもあります。心配なら動物病院で診察を受けましょう。必要に応じて抗生物質を投与します。

出血があるときは清潔なガーゼで圧迫止血します。細菌感染しないようケージ内は衛生的に。傷が大きいときは動物病院で診察を受けてください。相性が深刻なものなら別々に飼いましょう。

《人と接するときの事故》

ネズミを落とす、踏む、ドアに挟むといったことで、骨折や脱臼などのケガが起こります。内臓に重大な損傷を負ったり、脊椎を損傷すると麻痺が残ることがあるので、動物病院で診てもらってください。

同居するスナネズミからの咬傷（右後ろ足）。

軽度な骨折や脱臼なら、キャリーケースのような狭い場所で動きを制限することで、日常生活に支障がない程度の回復が望めます。

手術をして折れた骨を固定する方法もありますが、体が小さい動物では簡単ではありません。テーピングでの固定は、気にしてかじってしまうこともあります。断脚も選択肢のひとつになります。

《そのほかのケガ》

ケージ内の狭い隙間に爪の先や指などが引っかかり、引き抜こうとして暴れて骨折・脱臼するケースもあるので、足を引きずっている、床から浮かせている足があるということ

があれば、動物病院で診てもらいましょう。

糸くずや綿の巣材などが指や手足に絡みつき、壊死することがあります。糸くずなどがきつく絡まり、飼い主が自分では取れない場合は動物病院で処置してもらいましょう。

爪切りのさいに出血したときは、たいていの場合、圧迫止血で血が止まります。

電気コードをかじって感電することがあります。電気コードがショートしたときの火花でのやけどのほかに、電流によって体の組織が損傷し、壊死したり、あとになって肺水腫を起こすことがあります。動物病院で診てもらいましょう。なお遊ばせる場所の電気コードをかじらないよう対策をしていても、ケージから脱走し、対策していない場所の電気コードをかじることもあるので注意が必要です。

ケンカ以外に多頭飼育で起こりやすいこと

仲の良い多頭飼育でもトラブルが起こる可能性はあります。

ひとつは回し車です。誰かが使っているときにほかのネズミが近づく、回し車と壁の間にネズミがいるときにほかのネズミが回し車を使うといったときに事故が起こる場合が考えられます。状況次第で飼い主が見ていられるときだけ設置する方法もあります。

多くのネズミを多頭飼育している場合、パイプに何匹もが入っていると間にいるネズミが出られなくなったりします。どんな使い方をしているかよく見て、太いパイプにする、パイプは置かないなどの対策を考えましょう。

そのほかの病気

熱中症

哺乳類は恒温動物なので、外気温に関わらず一定の体温を維持することができます。暑ければ耳の毛細血管から熱を放散したり、体を伸ばして横になり、体表面を広げることで熱を逃がそうとします。

しかし、過度な高温下では体温調節機能が働かなくなり、体温が急上昇して熱中症を起こします。重篤な場合には多臓器不全を起こして、死亡することもあります。

炎天下だけでなく、温度や湿度が高い密閉された風通しの悪い室内でも発症しやすくなります。飲み水がなかったり、肥満、妊娠中、高齢、呼吸器疾患や心臓疾患

などがある、強いストレスがかかっているといったときには発症のリスクが高まります。

夏場は、自動車での移動時にも注意してください。エアコンをつけていない車中はあっという間に非常に高温になります。ネズミを連れて自動車で出かけるときは、たとえ短時間でも絶対に車内に放置しないでください。

治療は、体を冷やして体温を下げることです。元気を取り戻しても補液が必要な場合もあるので、診察を受けておくと安心です（応急手当222ページ）。

✳症状：体温が上がるほか、ぐったりしている、呼吸が早い、末梢血管が充血する（耳が赤いなど）、よだれが多い（体を舐めて濡らし、気化熱で体温を下げようとするため）、痙攣、チアノーゼ（唇などが青紫色になる）、衰弱、死亡。

✳予防：適切な暑さ対策を行いましょう（136ページ）。今の日本の夏は、エアコンでの温度管理なしではネズミを健康に飼えないといえます。

低体温症

動物は、寒いときには体を丸めて体表面を小さくし、体熱を逃さないようにしたり、体を震わせて熱を作ります。ところが、体温調節能力を超えた寒さでは体温を維持できなくなり、低体温症に陥ります。げっ歯目のなかにはシマリスやヤマネのように体温を下げて冬眠する体の仕組みをもつものもいますが、マウス、ラット、スナネズミは冬眠しない種類です。

冬場だけでなく、夏場にエアコンで温度が下がっている部屋に、体が濡れた状態で置いているようなときにも体温が下がりすぎてしまいます。

体温調節機能がまだできあがっていない幼い個体、高齢、病気の個体や、食べ物の不足も低体温症を起こしやすくする要因です。

体を温めて体温を上昇させなくてはなりません（応急手当222ページ）。

なお、残念ながら死亡しているときも体は冷たくなります。死亡したときはしばらくたつと体が硬直してきますので、間違えないようにしてください。

✳症状：体が冷たくなり、動きが鈍ってぼんやりする。心拍が遅くなり、進行すると意識を失う、死亡。

✳予防：適切な寒さ対策を行いましょう（137ページ）。

肥満

ペットのネズミには、肥満の個体が少なくありません。肥満は病気ではありませんが、さまざまな病気を招いたり、ネズミの健康を阻害する要因となるものです。肥満にさせないよう注意しましょう。過度な肥満には、以下のようなリスクが考えられます。

☐セルフグルーミングがしにくいために、皮膚と被毛の状態が良好に保ちにくく、皮膚の病気を起こしやすい。

☐体重を支える関節や骨、足裏への負担が大きくなる。関節炎や足底皮膚炎になりやすい。

☐皮下脂肪が厚くなり、体熱が放散されにくくなるため、熱中症になりやすい。

☐皮下脂肪が邪魔になり、健康チェックや触診がしにくい（皮下の腫瘍などを見つけにくい）。

□脂肪肝、高脂血症、心臓疾患、腎臓
　疾患、糖尿病などになりやすい。

□麻酔のリスクが高くなる。

□免疫力が低下する。

✳健康的な体格とは

　肥満になる原因は、摂取カロリーが消費
カロリーよりも多いことです。栄養過多な食
事を与えているのに、運動量が少なければ
太りやすくなってしまいます。コミュニケー
ションのためにおやつを与えるのは楽しい時間な
ので、どうしてもネズミの好むもの（糖質や脂質
の多いもの）を与えがちですが、ネズミの健康
を考え、太りやすい食べ物は与えすぎないよ
う気をつけましょう。

　健康的な体格は、太りすぎていないだけ
でなく、痩せすぎていないことも大切です。
ネズミに合った適切な食事をしっかりと食べ
たうえで、十分に運動をしている、がっちりし
た体格がベストといえるでしょう。

　太りすぎていないかどうかは、脂肪のつき
方や体に触れたときの感覚で判断すること
ができます。脂肪がつきやすいのは、顎の
下などの首周り、前足の付け根、胸部、
腹部などで、肉がだぶついているようだと太
りすぎです。健康的な体格だと、背中に触
れたときに皮下脂肪を通して背骨のゴツゴ
ツがわかりますが、太りすぎだとわからなくな
ります。逆に、痩せすぎていると明らかに背骨
のゴツゴツに触れられます。

✳ダイエットの注意点

　ダイエット（減量）させたほうがいいかもしれ
ない、と思ったら、以下の点に注意してくだ
さい。

□成長期にダイエットは考えないでください。
　適切な食事を十分に与え、よく運動させ
　ましょう。妊娠中や授乳中もダイエットはさ
　せないでください。高齢のネズミには無理
　させないようにします。

□まず動物病院で健康診断を受けましょう。
　太っていると思っていたのに、実は病気
　が隠れていたということもあります。どのくら
　い減量するとよいかなども相談しましょう。

□運動の機会を増やしましょう。ケージを広
　くしたり、おもちゃ類を入れてケージ内で
　の動きを増やすなどがあります。

□食事内容を見直します。量を減らすので
　はなく、質を見直しましょう。絶食させるよ
　うな方法はとってはいけませんし、摂食量
　をむやみに減らすと脂肪肝などのリスクもあ
　ります。多頭飼育で食べ物を減らすと争
　いのもとにもなります。

□まず見直すのはおやつです。脂質や糖
　質の多いおやつではなく、その日に与える
　ペレットを手から与えてコミュニケーション
　手段にしたり、野菜をおやつにするなどの
　工夫をしましょう。

□おやつをあちこちに隠して探させることで、
　運動量を増やすこともできます。

□低カロリーのペレットに切り替える方法もあ
　ります。急に切り替えると食べなくなること
　があるので、時間をかけて行いましょう。

□遺伝的に太りやすい個体もいます。適切
　な食事と運動でも体重が減らないなら、
　無理をしないでください。

共通感染症と予防

人と動物の共通感染症とは

　人と動物との間で相互に感染する可能性のある病気を、「人と動物の共通感染症」といいます。人獣共通感染症、人畜共通感染症、動物由来感染症、ズーノーシスなどの呼び方もあります。ペットから人に感染する病気としてよく知られているものには、狂犬病、オウム病、パスツレラ症、猫ひっかき病などがあります。人からペットに感染するものとしては、フェレットのインフルエンザがあります。野生動物に由来するものではエキノコックス症が有名です。そのほかにも、寄生虫、原虫、真菌、細菌、ウイルスなどのさまざまな病原体が、動物から人へ、あるいは人から動物へと感染します。その数は200以上といわれています。新型コロナウイルス感染症も共通感染症のひとつです。

　ネズミ（につくノミ）はペストの感染源として知られていますし、害獣という側面もある動物ですが、ペットのマウス、ラット、スナネズミは長い間、飼育下繁殖を続けており、衛生的な施設から迎えているならむやみに恐れることはありません。輸入にあたっても感染症法に基づいた規制があります。

　ただしペットのネズミに一般的な病気のなかにも、人に感染する可能性のある病気があることは知っておかなくてはなりません。皮膚糸状菌症、サルモネラ症、小形条虫などがそうです。いずれも、世話をしたりコミュニケーションをとったあとはよく手を洗うといった基本的な注意で十分に予防できます。

共通感染症を防ぐには

健康なネズミを迎えましょう

　感染症をもち込まないことが大切です。衛生的なペットショップやブリーダーから迎えましょう。2匹目以降を迎えるときは検疫期間を設け、感染症が広がるのを防ぎます。すでに飼育しているネズミのためでもありますが、飼い主に感染するリスクを減らすためでもあります。

適切なケアを行いましょう

　ネズミが健康を維持できるよう、適切な飼育管理を行います。掃除はこまめに行い、衛生的な環境を作りましょう。

　毎日の健康チェックと定期的な健康診断で、病気の早期発見、早期治療を心がけます。病気があったら治療します。

人の感染防止対策をしましょう

　ネズミの世話をしたり遊んだあとは、石鹸でよく手を洗い、うがいをしましょう。

　ネズミの便は乾いているので、部屋に落ちているとつい便を素手で拾ってしまうことがありますが、ティッシュなどで拾って捨ててください。

　免疫力を高めるため、自分の健康管理もしっかりと行います。高齢者や幼児、病気治療中の人は免疫力が低いので、特に注意してください。

けじめのあるふれあいを

　コミュニケーションは大切ですが、けじめをつけて。キスしたり、口移しで食べ物を与えたりと濃厚なふれあいをしないでください。また、ネズミと遊びながらものを食べないようにします。噛まれたり引っかかれたりしないよう、十分に慣らすことも大切です。

室内の環境

　換気は大切です。空気清浄機を活用するのもよいですが、それだけに頼らず窓を開けて換気を行いましょう（ネズミの脱走には注意）。

　部屋でネズミを遊ばせているなら、掃除をこまめにしてください。

ネズミとふれあった後は必ず手洗いをしましょう。

ネズミアレルギー

　ネズミが人のアレルゲン（アレルギーの原因）になることがあります。アレルギーではくしゃみ、鼻水、かゆみといった症状だけでなく、喘息や呼吸困難など重篤な症状が出て、命に関わる場合もあります。マウス、ラットに関しては被毛、フケ、尿などに対するアレルゲン検査が可能なので、ネズミを迎える前にあらかじめアレルギー専門病院で検査しておくといいでしょう。ネズミを迎えてからくしゃみなどが出るようになった場合も検査してみてください。なお、床材や床材についたカビやダニがアレルゲンになっている場合もあります。

　アレルギーが軽度であれば、自分の健康管理も含め、対策をしながらネズミを飼うことは可能です。ただし重度なときは新しい飼い主を探すことも選択肢のひとつでしょう。

【アレルギー対策の一例】

☐ ケージを顔より高い位置に置かない。

☐ 生活空間を分ける。

☐ ケージ掃除はこまめに行う。

☐ 世話をするときは、手袋、マスク、ゴーグルを着用したり、専用の服を用意する。

☐ ネズミが健康でいられるように飼育管理する。

☐ 換気をし、空気清浄機も使用する。

☐ 世話をしたあとは十分に手を洗い、うがいをする。

☐ 家族にも世話をお願いする。

☐ 頭数が多ければ症状はひどくなるので、多頭飼育はしない。

ネズミの看護と介護

ネズミの看護にあたって

ネズミが病気になったとき、体調が悪いとき、また、高齢になったときには、日常の飼育管理に加えた世話が必要になります。毎日をできるだけ快適に、幸せに暮らせるよう、サポートしてあげましょう。

病気の治療中は、投薬による病状の変化などを記録しておき、通院のときに獣医師に確認してもらうのもいいことです。体調変化に不安があったときや、薬の飲ませ方がわからないときなどは相談してください。自己判断で薬の量を増やしたり、やめたりしないことが大切です。

飼育環境

看護の環境の基本

体調が悪いときには、騒音がいつも以上に不安をかきたてたり、ストレスになることが考えられます。安心していられる静かな環境を整えてあげましょう。

安全な住まいに変更する

ネズミの状態によっては、より安全な住まいへと変えたほうがいい場合があります。

ラットは金網タイプのケージで飼育することが多いですが、体力が衰えているのに動き回り、ケージの高いところから落下するようなことがあると心配です。病気の治療してい

る間は、水槽タイプのもので飼うことも検討したほうがいいかもしれません。

健康なとき&若いときに練習しておこう

ネズミが病気になったり高齢になってくると、食事の手助けが必要になることがあります。自力でうまく食べられなくなったときにシリンジから食事を与える練習をしておくと、いざというとき安心です。おやつ代わりに野菜や果物の絞り汁などをシリンジから飲ませてみてください。

あらかじめ先端から少しずつ出す練習を飼い主がしておきましょう。急にたくさん口の中に入れると、誤嚥(気管のほうに入ってしまうこと)の可能性があり、危険です。

粉末のペットフードやペットフードをふやかしてドロドロにしたものを与えられるようになっていると、食事管理には大いに役立ちます。

元気なときからシリンジ食に慣らしておこう。

温度管理

　暑すぎるのも寒すぎるのも体力を消耗します。エアコンやペットヒーター、加湿器などを利用して、快適な温度・湿度になるようにしましょう。

　体を動かせなかったり、動かすのがおっくうになることもあります。ペットヒーターによる低温やけどには注意が必要です。時々、寝方を変えてあげたり、上や横から温めるタイプなど、異なるタイプのペットヒーターに変える時間を作ったりするのもいいかもしれません。

衛生管理

　ケージ内は衛生的に保ちましょう。通常時から必要なことですが、外傷があるとき、免疫力が低下しているときの細菌感染を防ぐためや、アンモニア濃度が上がって呼吸器への悪影響を防ぐため、また、体がうまく動かせないネズミがあちこちに排泄してしまい、体に排泄物がついて汚れることを防ぐためなど、看護にあたっては特に重要なことです。

　複数の動物を飼っていて、そのなかに感染症の個体がいる場合は、感染症の個体の世話を最後にするようにしてください。

　感染症の個体の看護をしたあとは、ほかの個体や人への感染を防ぐため、石鹸でよく手を洗ってください。アルコール消毒まですればなお安心です。

多頭飼育の場合

　同居しているネズミがいる場合、感染症なら隔離が必要です。用品類の共有も避けてください。

　相性がいい場合には分けることがストレスになるケースもあります。重症や感染症でなく、病状の確認や食事管理などがきちんとできるなら、同居したままにするのもひとつの選択肢です。

コミュニケーション

　よく慣れている個体なら、負担のない程度に、声をかけたり接する時間を作りましょう。ネズミも安心感があるかもしれません。あまり慣れていないなら、投薬などの必要なとき以外はかまいすぎないようにします。弱っている様子は隠したいという本能があるはずなので、あまりかまわれるのは不安も大きいと考えられます。

投薬の方法

飲み薬

　甘い味付けがしてあるシロップタイプのものは好んで飲んでくれることが多いので、あまり苦労はしなくてよいかもしれません。

　錠剤の場合、粉末状のものがあればそちらを処方してもらうか、錠剤しかない場合、ピルクラッシャーなどを使って粉末にすると扱いやすいでしょう。本来、錠剤はそのまま飲みこむことでの効果が計算されているのですが、犬のようにごくんと飲み込んでもらうのは難しいですし、おいしくないのでかじってくれません。粉末にした薬をなにかに混ぜて舐めさせるのが与えやすい方法です。必ず規

定量を与えるには、つぶしたり、ドロドロの状態にできる大好物（わずかな量）に薬を混ぜて与えます。

食べ物によってはまれに薬との相性が悪いこともあるので、「○○に混ぜてもいいですか」と獣医師に聞いておくと安心です。

どうしても飲んでくれないときは、注射での投与が可能かどうか相談してみましょう。

塗り薬、点眼薬

保定して薬を塗るか、食べるのに時間のかかる大好物を食べさせている間に行うのもいいでしょう。

点眼薬（てんがんやく）は、塗り薬（ぬりぐすり）よりも対象となる部位が小さいことが多いですし、より慎重に行ったほうがいいので、体の動きを制限できる方法で行います。保定するか、慣れているなら体を軽くおさえて動きを制限して点眼します。

点眼するときに目を閉じないよう、まぶたをおさえます。点眼瓶の先端が目や目の周囲につかないようにし、目から漏れた点眼薬は拭き取ってください。

うまくできない場合は、飲み薬などほかの方法がないか相談してみましょう。

酸素室について

ネズミは呼吸器の病気が多く、呼吸が苦しい場合も出てくるでしょう。酸素室があると、呼吸が楽になります。酸素室、酸素発生器のほかに酸素濃度測定器が必要です。ペット用の市販品やレンタル品があります。大気中の酸素濃度（人や動物が通常吸っている酸素濃度）は21％ほどで、酸素室を利用するときは30〜40％ほどが目安です。酸素濃度は濃すぎると酸素中毒を起こして危険なので、酸素濃度の測定は必ず行ってください。

応急的に、市販の携帯酸素（スプレータイプ）を使うこともできるでしょう。たとえば、水槽やプラケースの上部をビニールで覆い、携帯酸素の噴出し口を差し込む穴を四隅のどこかに開け、酸素を送り込みます。反対側の隅にもいくつ小さな穴を開けることで、酸素が全体にいきわたるようになります。酸素濃度測定器がない場合は、呼吸を楽にしているかどうか、様子を見ながら酸素を送り込みます。

ペット用酸素室

酸素濃縮器

酸素濃度計

食事管理

病気治療中の食事

　獣医師から特別な指示が出ているときは
それを守ってください。特に指示がなければ
通常どおりの食事を与えますが、摂食量が
減っているようなら、少量でも高カロリーのも
のを与えて体力の回復を助けましょう。不正
咬合の処置後には硬いものを食べたがらな
いこともあります。

【硬いものを食べられない場合のメニュー】
おすすめ（これだけでも栄養バランスがとれる）：
　ふやかしたペレット、小動物用の粉末フー
　ドを溶いたもの
そのほかのもの：
　鳥用の粉末フード、ウェットタイプのドッグ
　フード・キャットフード、犬猫用の療法食
　（動物病院で入手できます）、ペットミルク（ヤギ
　ミルクがよい）、人が食べる雑穀や小鳥用
　配合飼料（殻が剥いてあるもの）を柔らかくふ
　やかしたもの、食べやすくした果物・野菜
　（バナナ、すりおろしたリンゴ、蒸したサツマイモ・
　ニンジン・カボチャなど）、無添加のベビーフー
　ド（穀類、野菜、果物）、介護食や離乳食
　などにも利用される野菜パウダーや野菜
　フレークなど

強制給餌

　自分から積極的に食べようとしないときは、
食事の手助けをしてください。「硬いものを
食べられない場合のメニュー」に挙げたよう
なものをスプーンで口元に持っていって食べ
させます。

　それでも食べないときは、強制給餌（きょうせいきゅうじ）を検
討してください。シリンジを使って流動食を
食べさせます。流動食は小動物用の粉末
フードを使うと簡単に作れます。

　タオルで体を巻いてから行うと、ネズミも暴
れにくく、また、体に流動食がついて汚れる
のを防ぐこともできます。

　ネズミは切歯と臼歯の間が空いているの
で、そこからシリンジの先端を差し込み、少
しだけ口の中に入れ、飲み込むのを待ちま
す。誤嚥しないように少しずつ与えます。

エリザベスカラーと食事

　エリザベスカラーは、手術などの傷に口
が届かないように首に巻くものです。カラー
をつけているときは、食事ができているか、
水が飲めているかを確認してください。ネズ
ミは通常、食べ物を前足で持って食べます
が、カラーがついていると前足が口元まで
届かないこともあります。食べ物や給水ボト
ルの先を口元まで持っていってあげたり、食
事のときだけはカラーを外すなどして、十分
な量の食事と水が摂れるようにしてください。

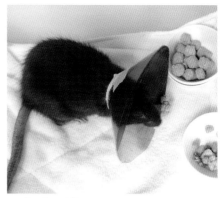

エリザベスカラーを付けたラット。

体の管理

グルーミングのサポート

　体が動かしにくく、毛づくろいをあまりしなくなると、被毛の状態が悪くなります。不衛生にもなりがちなのでグルーミングの手助けをしてください。体の負担にならないように気をつけながら、蒸しタオル（熱すぎないよう注意）で体を拭いてもいいでしょう。寒い時期にはそ

のあとすぐ乾いたタオルで拭き、冷やさないようにしてください。

　小動物用の柔らかいブラシ（豚毛ブラシなど）でブラッシングすると、マッサージ効果で血流がよくなることも期待できます。

　排泄物で肛門や生殖器周囲が汚れていて、拭き取る程度ではきれいにならないときは、下半身のみをお湯に入れてすすぐ方法もあります。体が冷えてしまうと危険なので、すぐにタオルで拭いてください。

　小動物介護用の吸水性のよいタオルが

熱中症の応急手当

　体温を下げるため涼しい場所に移し、水で濡らして絞ったタオルをビニール袋に入れたもので体を包みます。特に、首筋や鼠径部、腋の下など太い血管のある場所を冷やすと効果的です。

　体温は下がり始めると急速に下降するので、冷やしすぎないよう気をつけてください。氷水では冷えすぎるので注意しましょう。

　自分から水が飲めるようなら水を与えます。無理に飲ませては危険です。

水で濡らしたタオルをビニール袋に入れて体に当てます。

低体温症の応急手当

　ゆっくり体温を上昇させましょう。普段は人のほうが体温は低いですが（人は36℃ほどでネズミは37〜38℃ほど）、低体温症で体が冷えているときは人もヒーター代わりになります。手で温めたり、服の中で温めるなどしてもいいでしょう。フリースを厚く敷いたプラケースをペットヒーターの上に置き、そこにネズミを寝かせておけば、ゆっくりと体を温めることができます。

　自分で飲んでくれるときは、温かいお湯やイオン飲料を与えるのもいいでしょう。

体を持つ手が冷えていたらカイロなどで温めてから。

あると便利です。

体調が悪く、ポルフィリンが出やすくなることもありますので、蒸しタオルでやさしく拭き取るといいでしょう。

また、エリザベスカラーをつけているとセルフグルーミングがうまくできないので、時々ブラッシングなどしてあげるといいでしょう。

高齢ネズミのケア

ネズミが高齢になったら

ネズミは1歳半くらいを過ぎると、高齢になりつつあるといえるでしょう。

高齢になったネズミの元気のよさは個体によってさまざまです。ただし、一見、元気そうに見えても、高齢になってくれば体のさまざまな機能が衰えてくるのはしかたのないことです。できるだけ長生きしてほしい、と願いながらも、高齢化という現実は受け止め、日々の暮らしをサポートしてあげましょう。

218ページからの、看護についての記事も参考にしてください。

【高齢になると起こる体の変化】

● 五感が衰えます。視覚はもともとよくありませんが、聴覚や嗅覚も衰えてくるので、飼い主が近づいてきたことに気づくのが遅くなったりします。食べ物のにおいにすぐに気がつかなかったり、食欲にも影響が出ることがあります。

● 高齢になると増える病気のリスクが高まります。老齢性の白内障、腫瘍、関節炎、腎臓疾患や、免疫力が低下するために感染性の病気など。

● 病気ではないものの、内臓機能が衰えてきます。消化吸収能力が衰えるので、便の状態が不安定になったり、痩せてくるなど。

● 歯の衰えが見られます。歯根がゆるんでくるので硬いものを食べたがらなくなったり、摂食量が減るので痩せたりします。

● 骨量が減少し、骨が弱くなります。

● 体の動きが悪くなります。動かないので筋肉量が減り、食欲も出ないので摂食量が減り、痩せてきます。高齢にさしかかった頃でよく食べる個体だと、動かなくなれば太ります。

● 被毛の状態が変わります。体が痛かったり、動きが固くなるので毛づくろいの頻度が減り、被毛の産生能力も衰えるので、毛並みや毛づやが悪くなります。

● 恒常性(体温調節、ホルモン分泌、自律神経など)を維持しにくくなります。

● 寝ていたり、ぼんやりしている時間が多くなります。

【高齢ネズミと暮らす心がまえ】

□ 覚えていたトイレができなくなって掃除に手間がかかったり、食事の準備に時間がかかるようになったりします。しかしそれは長生きしてくれたからこそ。嬉しいことと考えて、おおらかな気持ちでネズミと接してください。

□ 元気であっても、思ったように体が動かなくなることには不安な気持ちをもつだろうと想像されます。「大丈夫だよ」という気持ちで接してあげるといいかもしれません。

□体に起きている変化のすべてが「高齢の
せい」ではなく、病気がひそんでいることも
あります。おかしいなと思うところがあった
ら、かかりつけ動物病院で診てもらい、
病気があれば治療を検討しましょう。

□同居している仲間が先に死んでしまう、と
いうことも起こります。それが原因で元気を
なくすネズミもいます。しかし高齢になって
から新たなネズミと同居させるのは困難で
すし、高齢のネズミにとってはストレスにな
ります。接する時間を十分にとり、心のケ
アをしてあげましょう。

高齢のネズミの環境作り

　急激な環境変化や温度差などがないよう
にし、心おだやかに暮らせるようにしてあげま
しょう。楽しい刺激ならあったほうがいいの
で、時々新しいおもちゃを用意したり、無理
のない程度に運動させるのもいいでしょう。

　また、安全に暮らせる環境が必要です
が、運動能力がまだあるのに先回りしすぎる
のもよくありません。運動することで筋力を維
持したり、食欲が出る、活気が出るといっ
たこともあります。ネズミの状況をよく見て、で
きること、できないことを見きわめながら環境
を整えることが大切です。ケージの高さを低
くする、ロフトなどの位置を下げる、落ちても
危なくないように床材を厚く敷くなどの対策を
行ってください。

高齢のネズミの食事

　個体差に応じて、そのネズミに合った食
事を与えてください。

　痩せてきた場合は、少しずつ何度にも分

けて与えるようにするといいでしょう。

　運動量が減り、太りやすくなる場合もあり
ます。低カロリー、低タンパクの食事に切り
替えるといいでしょう。食べることは生きていく
上での活力でもあるので、量を減らすので
はなく質を見直してください。

　ペレットをきちんと食べられているなら、ふ
やかしたものに変える必要はありませんが、
ペレットを食べられる量が減ってきたら、補
助的にふやかしたものを与えるのもいいでしょ
う。221ページ「硬いものを食べられない場
合のメニュー」も参考にしてください。

高齢のネズミのグルーミング

　「グルーミングのサポート」（222ページ）のほ
かに、高齢になって尾が汚れることがありま
す。引きずるようになって排泄物がついたり、
特にラットでは皮膚に角質のようなものがつい
たりすることがあるようです（若くても見られる）。

　ラットはシャンプーすることもありますが、高
齢になってきたら体を拭く程度にし、尾の汚
れが気になるようなら尾だけを洗うものいいで
しょう。

高齢になってもお健やかに！

ネズミの文化史
江戸時代のネズミと人

PERFECT PET OWNER'S GUIDES

Chapter 10
ネズミの文化史
江戸時代の
ネズミと人

1775年刊行『養鼠玉のかけはし』

江戸時代中期のネズミブーム

　マウスやラットは欧米ではメジャーなペットで、専用フードなども数多く存在します。「日本はまだまだだな」と思いがちですが、実は、ネズミをペットにしていた歴史は、日本のほうが古いのです。

　なかでも江戸時代中期、ネズミは大人気のペットでした。『武江年表』(江戸と東京のさまざまな記録を残した書籍)には、明和年間(1764〜1772)以降、上方を中心に白鼠の飼育が広がっていったと書かれています。当時の随筆にも、飼育ブームのこと、いろいろな毛色が珍しがられていたことなどや、「放し飼いにしていて、寝るときには懐に入っている」などという飼い主とネズミの仲のよさそうな様子も記されています。後述のように、飼育書も作られていました。

　時代背景としては、『解体新書』が刊行されたのが安永3(1774)年、平賀源内がエレキテルを復元したのが安永5(1776)年、鬼平こと長谷川平蔵が火付盗賊改方長官に就任したのが天明7(1787)年という頃です。時代劇に登場するペット動物というと犬や猫、小鳥や金魚といったところですが、実はネズミも飼われているんだな、などと想像するのも楽しいかもしれませんね。

　ちなみにこの頃、1758年にハツカネズミの学名(*Mus musculus*)が、1769年にドブネズミの学名(*Rattus norvegicus*)がつけられていますが、まさに日本はネズミブームの時期だったという不思議な偶然もあります。

『養鼠玉のかけはし』とは

　『養鼠玉のかけはし』は今から246年前、安永4(1775)年に刊行されました。著者は「春帆堂主人」、絵師は「皎天齋主人」と書かれています。

　上下巻に分かれ、本文は図版も含めて全部で48ページあります。上巻には、ネズミと遊ぶ唐子(中国風の子ども)、ネズミの嫁入りなど故事・昔話に由来する絵、ネズミの芸を披露する露天商、にぎわうネズミ専門店(図1)などの挿絵、さまざまなネズミの種類の解説が、下巻ではカラーバリエーションや飼育方法などが書かれています。ここでは下巻の内容を見ていきましょう(抜粋し、現代語訳。一部意訳。『珍翫鼠育草』も同様)。

ネズミは、江戸時代も現代も、人なつっこい面 があるようです。

図1.江戸時代中期のネズミ専門ペットショップ。にぎわいが伝わってきます。(『養鼠玉のかけはし』国立国会図書館ウェブサイトから転載＝以下★印は同様)

図2.ネズミを飼う籠(ケージ)の解説が図入りで載っています。(『養鼠玉のかけはし』★)

『養鼠玉のかけはし』の内容

繁殖

　オスは若いもの、メスは経験豊富なのがよい。交尾してから24日ほどで出産する。交尾の後はオスと分ける。多ければ8、9匹を生むが、1、2匹のこともある。生後17日ほどで目が開き、毛色もわかる。目が開くまでは母乳で育てる。目が開いてからはものを食べるので、目が開かないうちはメスにいつも以上に食事を与える。餅などもよい。母乳の出る鼠がおらず、人が育てるには、人肌で温め、かゆか落雁を水で溶いたものを与える。人の乳を与えてもいい。目が開けば自分でものを食べる。なかなか目が開かないときは目に燈油(菜種油や綿実油)をさすと早く開くという。しばらくやってみると効き目があった。

食事

　炊いたご飯か米を与える。餅もよい。ただし米が熱ければ水を添えること。生魚、生菜などを与えてもいい。ある説では、魚類をたくさん与えると毛色を損じ、大豆を与えると毛色がよくなる。

カラーバリエーション

◉熊鼠、同斑、熊の豆鼠(図3)

　熊鼠は全身が真っ黒で胸に月の輪模様がある。明和年間に京都の高倉あたりの家で初めて生まれたという。もと土鼠(違う毛色同士のかけ合わせ)のたぐいである。今、熊まだら、熊の豆鼠などがある。

◉豆鼠、白豆、豆の斑（図4右）

　豆鼠とはとても小さいものをいう。曲尺
で一寸（約3cm）ほど。出所ははっきりしな
い。ある人がいうには天満のあたりから
出たと。今、豆鼠まだら、白の豆鼠など
がある。土鼠のたぐいである。ただし2
種ある。

◉斑、鹿、はちわれ（図4左）

　斑鼠は白黒のまだらである。明和の頃
に大坂の、ある養鼠家がお金をかけて
珍しい毛色を出して楽しんでいた。初め
てはちわれが生まれた。頭から半身が白
黒に分かれている。また、鹿というのは大
きい鼠で、鼠なのに鹿のような斑がある。

図3.毛色の紹介ページ。熊鼠・同斑。熊の豆鼠（『養鼠玉のかけは
し』★）

◉狐 鼠

　狐鼠は、毛色が似ているのでその名
前がついた。腹部が白く、尾が短く、
土鼠の仲間である。狐鼠は、狢鼠ともい
う。玉子色、薄赤、藤色、かわらけ色
などがある。同じ種である。

◉とっそ

　とっそは土鼠の仲間。最近、摂州の
今宮あたりで初めて出た。体長は短く、
尾は短い。顔は丸く、耳は小さい。口
先は丸い。毛は粗く、鳴き声がちっちっと
いう。

珍しい毛色を出すことについて

　変わった毛色が出るのは、たとえば白鼠
に熊鼠を合わせたら斑鼠が出る、というよう
なものではない。別の法則があることであり、
自然にまかせておくべきである。違う毛色同
士をかけ合わせて生ませるのを養鼠家は
「土鼠」と呼び、質の悪いものである。変
わった毛色が出るのは、人の工夫によるも
のではなく、偶然の産物である。だから高
いお金を出して珍重するのである。白には
白、斑には斑を合わせて偶然生まれるもの
を喜び、ありがたがる。これが養鼠家という
ものではないか。

飼育籠

　籠（図2）は大きいのがいいが、横1尺2、
3寸（約36.4～39.4cm）、高さ1尺4、5寸（約
42.4～45.5cm）、奥行き8、9寸（約24.2～
27.3cm）くらいがいい。三方を板で囲み、前
を鉄網で作る。底には割竹を打ちつけ、そ
の下を引き出しにして時々よごれものを掃除

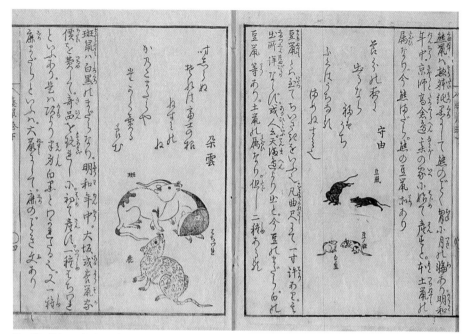

図4.毛色の紹介ページ。右ページに豆鼠・豆の斑・白の豆、左ページにはちわれ・斑・鹿（『養鼠玉のかけはし』★）

する。中にはワラで作ったふご（竹などで編んだ小さな籠のこと。鳥の雛を育てるときにも使われる）を入れて、片隅を板で囲むか小さい箱を置く。いずれも打ちワラか木綿を入れる。食べ物は竹の切り株に入れ、水は小さい猪口に入れる。すべて網は鉄を使う。そうしないとそのうちかじってこわされる。

慣らし方

ネズミはもともと疑い深いものが多く、特にこれといった方法はない。食べ物で手なずけられるものではない。結局はもののはずみで慣れる。今、菓子売りなどが鼠に札をくわえさせたりと芸をするのは、気長に慣れさせたからである。その芸に合えばそれができるのであって、特に野生個体は命を取り上げる

といっても従いはしない。たいていは、目の開かないうちに飼育し、かわいがったものでなければ、なついたりしない。鈴をつけて放し飼いをするのもいい。これを呼ぶと手元に来たりする。

販売店の紹介

以上が『養鼠玉のかけはし』に書かれている飼育管理と繁殖に関する内容です。本の最後には、掲載している鼠が購入できるという5軒の「大坂鼠品売買所」が紹介され、珍しい毛色が出たら持ってくれば値段をつけます、とも書いてあります。

いろいろな毛色があるなか、最もよいとされたのは白毛の赤目、次いで白毛の黒目で、福慶をもたらすものとされていました。

メンデルより早い！『珍翫鼠育草』

『珍翫鼠育草』とは

『珍翫鼠育草』が発刊されたのは天明7（1787）年のことです。著者は「定延子」と序文に書かれています。本文は36ページで、13項目に分かれています（白鼠の始まり／諸鼠（カラーバリエーション）の異名／諸鼠の絵図／鼠をとや（鳥屋：繁殖や体を休ませる目的で分けて飼うための小屋）に分けておくこと／鼠が子を産んだときの心得／豆白、豆ぶちのこと／日々ならびに暑寒の食べ物のこと／鼠を強く飼うこと／鼠の食べ物の善悪のこと／牝牡の見分けかた／鼠種取様秘伝／地鼠のこと／珍鼠のこと）。

『珍翫鼠育草』は、何人もの科学者がそれについての記事を執筆しているほど、注目されている書籍です。というのは、メンデルが遺伝の法則を発表した1865年より78年も前に、すでに遺伝について書かれているからです。メンデルの法則は、発表当時にはほぼ無視されていて、広く知られるようになるのは1900年ですから、そのときから考えれば113年も前ということになります。『珍翫鼠育草』では突然変異体、優性遺伝と劣性遺伝の違いが知られていたり、特定の毛色を出すための交配には、現代の遺伝学でも説明がつくものがあるのだそうです。

『珍翫鼠育草』の内容

カラーバリエーション

図6（左）は、この頃に流通していたカラーバリエーションのリストです。右上から下に、ぶち、熊ぶち、ふじ、妻白、くぐり、頭ぶち、藤の筋、むじ、とき、あざみ、月のぶち、豆ぶち、目赤の白、すじ、黒目の白、と並んでいます。妻白とくぐりはどちらも黒で、妻白は四肢の先端が白くなっているもの、むじとときは同じ色なので、ここには13の毛色が挙げられています。

なかでも絵が載っている熊ぶち、同月の熊、頭ぶち、黒目の白鼠、豆ぶちが代表的な5種のようです。

繁殖

メスのお腹が大きくなってくるとオスを近づけなくなるので小屋を分ける。小屋は大きい

図5.頭ぶち（『珍翫鼠育草』★）

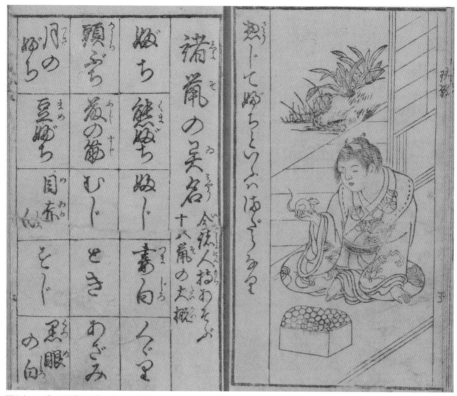

図6.右ページには手乗りネズミ、左ページはカラーバリエーションが紹介されています。(『珍翫鼠育草』★)

ほうがいい。初めての出産では2、3〜4、5匹を生む。何度か生んでいると7、8匹生むようになる。小屋が小さいと母親が子どもを敷きつぶすことがある。8月から4月(新暦の9〜10月から5〜6月頃)はワラを入れたほうがいい、5月から大暑の頃(6〜7月から8月はじめにかけて)はワラを入れない、ただし妊娠中は必ず入れる。ワラがないときは子育てをしない。子どもが生まれた日を記録しておく。生後20日くらいは親と一緒にしておく。寒い時期は24、25日くらい一緒にしておいてもいい。

(小型のネズミ)豆白、豆ぶちが妊娠した場合はペアを一緒におくべきで、もし分けるとそのあとの妊娠が遅くなる。

飼育管理

毎日の食事と季節ごとの注意点としては、常に小屋の中に黒米(玄米)を入れて、毎日2、3度入れ替えること。黒米はいつも切らさないように心得ること。5月末〜6、7月頃(新暦の7〜9月頃)は水をたくさん用意すること。春から8、9月末には大根、水菜、青菜などを与えること。

丈夫に飼うには、川魚やモロコなどを焼き、毎日細かくしたものを多すぎない程度に与えること。川魚を与えると子どもを生むのが早くなる。生魚、砂糖などは与えてはいけない。

与えてよいものと悪いものとしては、焼いた川魚、巴豆（ハズという植物）、塩、青菜は薬になる食べ物で、生魚、まちん（植物名）、胡椒、砒霜（亜ヒ酸）は与えてはいけない。

※注：ハズとまちんは毒性の強い植物です。

繁殖の秘伝

❶ 熊ぶち（図7の上）のペアからは黒まだらの子が生まれる。数多く生むうちに藤色も出る。

❷ 赤目の白毛のメスと熊ぶちのオスのペアからは全身真っ黒の子が生まれる。これを「妻白」「くぐ里」という。生まれた子たちの中にメスがいたら、4ヶ月ほど飼育してから父親の熊ぶちとかけ合わせると、黒毛で腹部が白い「裏白」か、胸に白い月の輪模様がある「月の熊」（図8の下）が生まれる。

❸ 熊ぶちで白い部分が多く、黒ぶちの部分が薄い個体を選んで子を産ませる。その

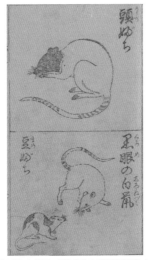

図7. 頭ぶち・黒目の白鼠・豆ぶち（『珍翫鼠育草』★）

中の黒ぶちが薄い子を選んでかけあわせると、黒目の白鼠（図7の下右）が出る。世の中で珍しがられている白鼠はこれのことである。目が赤い白鼠は、本当の白鼠ではない。白毛で赤目のものは、鼠に限ったことではなく、血液の成分による。

❹ 黒目の白鼠ペアからは同じ黒目の白鼠が出る。生まれた黒毛の白鼠に、変わった毛色のオスを合わせると、頭にだけオスの毛色が出て、頭より下はメスと同じで白い子が出る（図5、図7の上）。

❺ 黒目でまだらの白鼠のオスに黒目の白鼠のオスをかけ合わせると、頭だけに藤色が出ることもある。

❻ 黒目の白鼠に藤色を合わせると、白鼠で目が羊羹色のものが出る。

❼ むじのペアからはむじの子どもが生まれる。むじというのはとき（朱鷺）色のことをいう。とき色のオスにむじのメスを合わせるとあざみ色が出る。

これらの他にも珍しい色が出ることもある。そのときはこの本を開いて、その不思議さについて考えてみるとよい。

幻の続編も

『珍翫育鼠草』では最後に、『後編新選三鼠録』という書籍を近日刊行の予定だと書かれています。紅鼠、浅黄鼠、萌黄鼠を生ませる秘伝と、逃げた鼠を呼び戻す方法が載っているのだとか。ただし今現在、どこからも発見されていないもようです。

ところでマウスなの? ラットなの?

　実は、これらの書籍に登場するネズミ(江戸時代にポピュラーだったペットのネズミ)がマウスなのかラットなのかということについては、いろいろな意見があります。

　冒頭でご紹介した「寝るときには懐に入っている」という人懐こさは、どちらかというとラットを想像させます。また、もしポピュラーなのがマウスだとしたら、それより大きいネズミ(ラット)の存在についてあまり登場しないのはなぜかという疑問もあります。

　『養鼠玉のかけはし』の、さまざまな種のネズミを紹介しているところに出てくる「のらこ」というネズミがマウスである、とする資料もあります。

　ここでは、2冊の飼育書から読み取れる情報を出しておきますので、皆さんも考えてみてください(江戸時代には改良種としてのマウスもラットも存在しませんがここでは便宜上、マウス、ラットと記載します)。

『養鼠玉のかけはし』より

◎ 図1の左上で、ふたりの子どもが黒いネズミを追いかけている。けっこう大きいのでサイズ的にはラット?

◎ 図1で店主(?)の手の上にいる白いネズミはラットにしては小さいか?

◎ 「はちわれ」はラットのハスキー柄のこと? ただし図4に見られるように左右ではっきりと色が分かれてはいない。

◎ 妊娠期間は24日。マウスよりもラットに近いか?

◎ 豆鼠は約3cmということ。ジャパニーズファンシーマウスに近いか?

◎ ケージサイズ横37cm×奥行き25cm×高さ43cmで飼えるのはどちらなのか? ラットのオスだと狭すぎないのか? 現在のペットラットよりも栄養面などを考えると体は小さいかもしれないが…。

◎ 最近の論文ではラットとされている。

『珍翫鼠育草』より

◎ 図6(右)では子どもがネズミを手に載せている。ちょうど子どもの手の平サイズのネズミはマウスか? 子ラットの可能性も。

◎ 『珍翫鼠育草』で描かれているネズミの尾はラットか? 体に対する耳の大きさがマウスにしては小さいか?

◎ 図8の「熊ぶち」はラットのダルメシアン、図5、図7の「頭ぶち」はラットのキャップと酷似している。

図8.熊ぶち・同月の熊(『珍翫鼠育草』★)

お別れのとき

～出会えた感謝をこめてさよならを

とてもさみしいことですが、大切なネズミとのお別れの日は必ずやってきてしまいます。人間の感覚からすると、あっという間に駆け抜けていってしまったように感じるかもしれません。最後はきちんとお別れをすることで、ネズミとの日々は楽しくて幸せな思い出になってくれるでしょう。

供養の方法

亡くなったネズミを供養する方法は大きく分けて3つあります。

1 自宅の庭に埋葬する

動物に掘り起こされることがないよう、庭に深めに穴を掘って埋葬します。後日誤って掘り返さないよう、墓石代わりに石など置いておきましょう。

なお、土に埋める場合、公園などの公共の場所や他人の私有地に埋葬するのは違法ですから十分に注意してください。

庭がなかったり小さなネズミの場合、プランターをお墓にする方法もあります。

2 ペット霊園を利用する

近年では小さな動物でも丁寧に扱うペット霊園も増えてきました。

火葬には合同火葬と個別火葬があります。合同火葬ではペット霊園に合同で埋葬されます。個別火葬では、火葬したお骨を持ち帰って自宅供養する方法と、ペット霊園の墓地や納骨堂に安置する方法があります。

人間の葬儀に準じた供養の儀式を行うペット霊園もあったり、小さな動物は個別火葬ができないなど、ペット霊園によってさまざまです。

ネズミが亡くなってからペット霊園を探そうとすると冷静な判断ができない場合もあるので、あらかじめ探し、料金なども合わせて確認しておきましょう。

人間では、生前墓は長生きするともいいますから、「生きているうちに縁起でもない」ということはありません。

3 自治体に火葬を依頼する

動物だけで火葬する、動物の種類

によっては個別火葬できる、ほかのご
みと一緒に焼却するなど自治体によっ
て違いがありますので、あらかじめ確
認しておくことをおすすめします。

　このように供養にはいろいろな方法
がありますが、自分が納得できる方法
で行うことが大切です。お別れの方法
は、ネズミと飼い主さんの数だけある
ものです。楽しかった毎日に感謝しな
がら、「ありがとう」という気持ちで心
を込めて見送ってください。

ペットロス

　生き物なのだからお別れの日が来る
のは仕方のないことだと理解していて
も、飼っていたネズミが亡くなったら
悲しいのは当たり前のことです。

　大切なペットを失ったときの喪失感
を「ペットロス」といいます。程度の差
はあっても、ペットを亡くせば誰もが
経験するものです。「ペットロス症候
群」という用語がありますが、ペットロ
スは決して病気ではありません。

　悲しく思うのはおかしなことなのか
もしれない、などと思って感情を押し
込めないでください。がまんせず、泣
きたいだけ泣いていいのです。同じよ
うな経験をしたことのあるお友達に話
を聞いてもらうのもいいかもしれませ
ん。もし誰かの話を聞く立場になった
ときには、うんうんと話を聞いてあげ
てください。

　時間薬、日にち薬、時薬などの言

葉があるように、いつかネズミとの暮
らしを楽しかった思い出として笑顔で
語り、懐かしむことができるようにな
るでしょう。どのくらいかかるかは人に
もよりますから、誰かと比較すること
はありません。

　大きく心を動かしてくれる動物と出
会えたことは本当に幸せなことだと思
います。

ほかのネズミたちの
ためにできること

　かかりつけ動物病院があるなら、獣
医師に経過などをぜひ報告してくださ
い。その報告によって知見が増え、い
つかほかのネズミを救うことがあるか
もしれません。また、飼育管理や闘
病の体験談をほかの飼い主たちに伝え
ることで、あなたのネズミの命が次の
世代のネズミたちにつながるともいえ
るでしょう。

参考文献

- 秋山順史「食生活の変化がラットの成長および行動の発達に及ぼす影響についての実験心理学的研究」、〈https://www.jstage.jst.go.jp/article/stomatology1952/37/1/37_1_127/_pdf/-char/ja〉
- Annika S. Reinholdほか "Behavioral and neural correlates of hide-and-seek in rats"〈http://dx.doi.org/10.1126/science.aax4705〉
- Animal Diversity Web〈https://animaldiversity.org/〉
- The American Gerbil Society〈https://www.agsgerbils.org/〉
- Anna Meredith(編)『Manual of Exotic Pets 5th edition』BSAVA
- Anna Meredith、橋崎文隆ほか(訳)『エキゾチックペットマニュアル(第四版)』学窓社
- 飯島正広、土屋公幸『リス・ネズミハンドブック』文一総合出版
- 石橋晃ほか『動物飼養学』養賢堂
- 国立遺伝学研究所「日本産マウスのはるかな旅路 @ 遺伝研一般公開講演会2018」、〈https://www.youtube.com/watch?v=o8xpc_Tieq8&t=1564s〉
- 医薬基盤・健康・栄養研究所「「健康食品」の安全性・有効性情報」、〈https://hfnet.nibiohn.go.jp/〉
- 岩淵令治「ねずみの近世」、『第64回歴博フォーラム 新春ねずみづくし』
- International Union for Conservation of Nature and Natural Resources, "The IUCN Red List of Threatened Species. Version 2020-3."〈https://www.iucnredlist.org〉
- 上野陽里「十八世紀末に出版された「珍翫鼠育草」-科学と技術、その歴史」、『京都造形芸術大学総合環境』3
- M. Robinsonほか "The effects of diet on the incidence of periodontitis in rats"〈https://journals.sagepub.com/doi/pdf/10.1258/002367791780808374〉
- Elly M. Tanaka "Skin, heal thyself"〈https://www.nature.com/articles/489508a〉
- Elizabeth V. Hillyerほか(編)、長谷川篤彦ほか(監修)『フェレット、ウサギ、齧歯類-内科と外科の臨床-』学窓社
- L. E. Crawfordほか"Enriched environment exposure accelerates rodent driving skills"〈https://doi.org/10.1016/j.bbr.2019.112309〉
- 奥村純市ほか(編)『動物栄養学』朝倉書店
- 小田裕昭「必須アミノ酸、非必須アミノ酸 その二つを分けるもの」、〈https://www.jstage.jst.go.jp/article/jsnfs/60/3/60_3_137/_pdf〉
- OXBOW "What Should I Feed My Pet Rat?"〈https://www.oxbowanimalhealth.com/blog/what-should-i-feed-my-pet-rat/〉
- 小貫泰広ほか「ラットの餌運搬行動に関わる動機づけ要因」〈https://doi.org/10.2502/janip.55.1〉
- 小野武年(監修)『情動の進化』朝倉書店
- オリエンタル酵母「実験動物用飼料一覧」、〈http://www.oyc-bio.jp/pages/animal_products/feed/index〉
- 甲斐蔵ほか「スナネズミ(Meriones unguiculatus)のてんかん様発作発現に及ぼす性と週齢および接触の影響—愛玩動物としての視点から—」〈https://www.jstage.jst.go.jp/article/chikusan/87/1/87_17/_pdf〉
- 香川芳子『七訂食品成分表2016』女子栄養大学出版部
- 金子之史「シリーズ・香川大学の貴重図書22「珍翫鼠育井」」、『香川大学附属図書館報 としょかんだより』35号
- 金子之史『ネズミの分類学』東京大学出版会
- 河合崇行「実験動物の食行動に基づいた呈味評価」、〈https://www.jstage.jst.go.jp/article/cookeryscience/50/6/50_217/_pdf〉
- 川田伸一郎ほか「世界哺乳類標準和名目録」、『哺乳類科学』58巻(別冊)
- 川道武男(編)『日本動物大百科 哺乳類1』平凡社
- 環境省「生態系被害防止外来種リスト」〈https://www.env.go.jp/nature/intro/2outline/list/list.pdf〉
- 国立感染症研究所「サルモネラ感染症とは」〈https://www.niid.go.jp/niid/ja/kansennohanashi/409-salmonella.html〉
- 菊水健史「マウスは求愛の歌を歌う」、〈https://doi.org/10.1271/kagakutoseibutsu.50.131〉
- Katherine E. Quesenberryほか『Ferrets, Rabbits and Rodents: Clinical Medicine and Surgery(2nd Edition)』Saunders
- Katherine E. Quesenberryほか『Ferrets, Rabbits and Rodents: Clinical Medicine and Surgery(4th Edition)』Saunders
- Carol Himsel Daly『Rats』Barrons Educational Series Inc.
- キューサイ株式会社「植物性たんぱく質と動物性たんぱく質の同時摂取効果を検証」、〈https://corporate.kyusai.co.jp/news/detail.php?p=2400〉
- 久和茂(編)『実験動物学 第2版』朝倉書店
- 庫本高志「Yoso-tama-no-kakehashi : the first Japanese guidebook on raising rats」、『Experimental animals』60(1)
- Gregory L. Tilfordほか、金田郁子(訳)『ペットのためのハーブ大百科(second edition)』ナナ・コーポレート・コミュニケーション
- 小出剛「甦る日本産マウス-江戸から今へ」、『JT生命誌研究館』6(1)
- 国会図書館デジタルコレクション『珍玩鼠育草』〈https://dl.ndl.go.jp/info:ndljp/pid/2540511〉
- 国会図書館デジタルコレクション『養鼠玉のかけはし 下巻』〈https://dl.ndl.go.jp/info:ndljp/pid/1287015〉
- 国会図書館デジタルコレクション『養鼠玉のかけはし 上巻』〈https://dl.ndl.go.jp/info:ndljp/pid/1286757/1〉
- Science News "Mice smell, share each other's pain"〈https://www.sciencenews.org/article/mice-smell-share-each-others-pain〉
- 桜井富士朗ほか(監修)『ペットビジネスプロ養成講座 vol.2 フードアドバイザー』インターズー
- C. Madsen "Squamous-cell carcinoma and oral, pharyngeal and nasal lesions caused by foreign bodies in feed. Cases from a long-term study in rats"〈https://pubmed.ncbi.nlm.nih.gov/2668638/〉
- Gerry Buscisほか『Training Your Pet Rat』Barrons Educational Series Inc.
- 重吉康史「体内時計のしくみと合わせ方(講演)」、〈https://www.med.kindai.ac.jp/anato2/koukai.pdf〉
- Gisela Bulla『Fancy Rats』Barrons Educational Series Inc.
- 篠原かをり『ネズミのおしえ』徳間書店
- Gerbil Welfare〈https://www.gerbilwelfare.com/〉

◎ The Jackson Laboratory、久原孝俊（訳）「研究に使用される老齢C57BL/6Jマウス 考察、応用、ならびに最善の実践」〈https://www.crj.co.jp/cms/crj/pdf/product/rm/brochure/White_Paper_B6-Aged.pdf〉

◎ Sharon Lynn Vanderlip『Mice』Barrons Educational Series Inc.

◎ 消費者庁「海外の製品を並行輸入品や個人輸入品として購入するときの注意点」、〈https://www.caa.go.jp/notice/entry/016365/〉

◎ 情報・システム研究機構「データが語る"豆ぶち鼠"の大いなる帰還。」、〈https://sr.rois.ac.jp/article/rc/article/research/201602_1.html〉

◎ John E.Harknessほか、斉藤久美子ほか（訳）『ウサギと齧歯類の生物学と臨床医学（第4版）』LLLセミナー

◎ Johns Hopkins University "The Mouse"〈http://web.jhu.edu/animalcare/procedures/mouse.html〉

◎ Johns Hopkins University "The Rat"〈http://web.jhu.edu/animalcare/procedures/rat.html〉

◎ 菅沼眞澄ほか「スナネズミの研究（10）」、『畜産の研究』63(3)

◎ Susana G. Sotocinaほか "The Rat Grimace Scale: A Partially Automated Method for Quantifying Pain in the Laboratory Rat via Facial Expressions"〈https://journals.sagepub.com/doi/full/10.1186/1744-8069-7-55〉

◎ Stanford University "Mouse Ethogram"〈http://mousebehavior.org/〉

◎ Steve A.Feltほか "Biology, breeding, husbandry and diseases of the captive Egyptian fat-tailed jird (Pachyuromys duprasi natronensis)"〈https://www.nature.com/articles/laban0608-256〉

◎ 世界保健機関「国際化学物質安全計画」〈http://www.nihs.go.jp/hse/cicad/full/no5/no5.pdf〉

◎ 芹川忠夫「『珍翫鼠育艸』に登場する鼠への想い」〈http://plaza.umin.ac.jp/~dmcra/tsushin/img/tsushinNo16.pdf〉

◎ Sergio M. Pellis ほか "What is play fighting and what is it good for?"〈https://link.springer.com/article/10.3758/s13420-017-0264-3〉

◎ The Cavy & Critter Community "A Complete Guide to Fancy Mouse Care"〈https://www.whitmanpets.org/file_download/inline/931e5512-1348-474f-b9f7-b42d2a83520c〉

◎ 全国動物保健看護系大学協会『基礎動物看護学3 動物感染症学』インターズー

◎ 高橋朋也（監修）『最新の異物混入防止・有害生物対策技術』テクノシステム

◎ 高宮和彦『野菜の科学』朝倉書店

◎ 畜産大事典編集委員会『新編畜産大事典』養賢堂

◎ Cheryl L. Haughtonほか "The Biology and Husbandry of the African Spiny Mouse (Acomys cahirinus)and the Research Uses of a Laboratory Colony"〈https://www.ncbi.nlm.nih.gov/pmc/articles/PMC4747004/〉

◎ Jo H. A. J. Curfsほか "Nutrient requirements, experimental design, and feeding schedules in animal experimentation"〈https://www.researchgate.net/publication/290827493_Nutrient_requirements_experimental_design_and_feeding_schedules_in_animal_experimentation〉

◎ 霍野晋吉、横須賀誠『カラーアトラスエキゾチックアニマル 哺乳類編』緑書房

◎ Dale Langfordほか "Coding of facial expressions of pain in the laboratory mouse"〈http://dx.doi.org/10.1038/nmeth.1455〉

◎ David A. Crossley、奥田綾子『げっ歯類とウサギの臨床歯科学』ファームプレス

◎ David W. MacDonald（編）、今泉吉典（監修）『動物大百科5 小型草食獣』平凡社

◎ 寺島俊雄「ミュータントマウスを愛玩した江戸文化の粋」、『ミクロスコピア』9(3)、9(4)、10(1)

◎ 東京大学大学院農学生命科学研究科 プレスリリース「ラットが危険を伝えるフェロモンを同定−他のラットの不安を増大させて危険を伝達−」〈https://www.a.u-tokyo.ac.jp/topics/2014/20141216-1.html〉

◎ 東京都福祉保健局「東京都におけるねずみ・衛生害虫等相談状況調査結果」〈https://www.fukushihoken.metro.tokyo.lg.jp/kankyo/eisei/nezukon.html〉

◎ Thomas O. MCCrackenほか、浅利昌男（監訳）『イラストでみる小動物解剖カラーアトラス』インターズー

◎ 中釜斉ほか（編）『マウス・ラットなるほどQ&A』羊土社

◎ 中島定彦ほか「ラットおよびマウスにおけるチーズ選好」、〈http://hdl.handle.net/10236/13210〉

◎ 中津山英子ほか「ラットの採餌行動研究の動向」、〈http://hdl.handle.net/2241/13358〉

- National Fancy Rat Society〈https://www.nfrs.org/〉
- National Geographic News「ネズミの喜ぶ表情が判明、くすぐって検証」、〈https://natgeo.nikkeibp.co.jp/atcl/news/16/c/121500022/〉
- National Geographic Society、"National Geographic"〈https://www.nationalgeographic.org/〉
- National Gerbil Society〈http://gerbils.co.uk/〉
- National Mouse Club〈https://thenationalmouseclub.co.uk/〉
- National Research Council "Nutrient Requirements of the Gerbil"〈https://www.ncbi.nlm.nih.gov/books/NBK231920/〉
- National Research Council "Nutrient Requirements of the Mouse"〈https://www.ncbi.nlm.nih.gov/books/NBK231918/〉
- 新村芳人「匂いの遺伝学(東京医科歯科大学難治疾患研究所市民公開講座)」〈http://www.tmd.ac.jp/mri/koushimi/shimin/niimura.pdf〉
- 日本実験動物学会(監訳)『実験動物の管理と使用に関する指針』アドスリー
- 日本実験動物協会(編)『実験動物の技術と応用 実践編』アドスリー
- 日本実験動物協同組合(編)『実験動物のトラブルQ&A』アドスリー
- NEWSつくば「明けまして。パンダマウス 日本産 生物遺伝資源 江戸時代からはるかな旅」〈https://newstsukuba.jp/20825/01/01/〉
- 農業・食品産業技術総合研究機構(編)『日本標準飼料成分表 2009年版』中央畜産会
- 信永利也ほか(編)『小型動物の臨床』ソフトサイエンス社
- 畠佐代子『カヤネズミの本』世界思想社
- 羽鳥恵ほか「食事の時間を制限したマウスは高脂肪食を摂取しても肥満やメタボリックシンドロームにならない」〈http://dx.doi.org/10.7875/first.author.2012.065〉
- Peter Canavelloほ　か "Behavioral phenotyping of mouse grooming and barbering"〈https://doi.org/10.1017/CBO9781139541022.021〉
- BBC News Japan「地雷を見つけるネズミに金メダル 救命活動に貢献のお手柄」〈https://www.bbc.com/japanese/54291267〉
- Fancy Mice〈http://www.fancymice.info/〉
- V. C. G. Richardson『Diseases of Small Domestic Rodents』Wiley-Blackwell
- FoodData Central〈https://fdc.nal.usda.gov//index.html〉
- 藤本一真ほか「スナネズミ(Mongolian gerbil)、その特異な食事形式(第22回日本心身医学会九州地方会抄録)」〈https://www.jstage.jst.go.jp/article/jjpm/23/4/23_KJ00002379782/_pdf/-char/ja〉
- Petsial.com "Can Pet Rats Eat Mango? D-Limonene"〈https://www.petsial.com/pet-rats-eat-mango/〉
- Veterinary Partner〈https://veterinarypartner.vin.com/〉
- Horst Bielfeld『Mice』Barrons Educational Inc.
- 北海道大学文学部・文学研究科人間システム科学専攻心理システム講座和田研究室ホームページ「ネズミさんの超音波発声」、〈http://cogpsy.let.hokudai.ac.jp/~wada-lab/research%20overview.html〉
- 堀内茂夫ほか(編)『実験動物の生物学的特性データ』ソフトサイエンス社
- Michael Hutchinsほか(編)、『Grzimek's Animal Life Encyclopedia (2nd ed) 16』Gale Research Inc
- Max-Planck-Gesellschaft "Rats have a double view of the world"〈https://www.mpg.de/7269965/rats-overhead-binocular-field〉
- 三浦慎悟『動物と人間』東京大学出版会
- 宮崎大学「マウス画像データベース」、〈http://www.med.miyazaki-u.ac.jp/AnimalCenter/mouseDB/labomice/html/041.html〉
- 三輪恭嗣(監修)『エキゾチック臨床シリーズVol.19 小型げっ歯類の診療』学窓社
- 本川雅治(編)『日本のネズミ』東大出版会
- 森裕司ほか著『動物看護のための動物行動学』ファームプレス
- 安田容子「江戸時代後期上方における鼠飼育と奇品の産出 -『養鼠玉のかけはし』を中心に-」、〈http://hdl.handle.net/10097/00120333〉
- 矢部辰男「都市におけるドブネズミとクマネズミの種類構成の変動」、『衛生動物』48(4)
- 矢部辰男「ドブネズミの地理的分布における制限要因としての高タンパク食物と水分収支バランス」〈https://www.jstage.jst.go.jp/article/mez/69/2/69_1801/_pdf〉
- 矢部辰男「日本の都市にクマネズミが増えた理由」、『生活と環境』45(7)
- 横田悠紀「近世日本における鼠の飼育書:『養鼠玉のかけはし』(一七七五)『珍翫鼠育艸』(一七八七)を題材として」〈http://rp-kumakendai.pu-kumamoto.ac.jp/dspace/bitstream/123456789/1801/1/5903_yokota_31_47.pdf〉
- Johanna H. Meijerほか "Wheel running in the wild"〈https://doi.org/10.1098/rspb.2014.0210〉
- Rat Behavior and Biology〈http://www.ratbehavior.org/〉
- Rat Guide〈http://ratguide.com/〉
- 理化学研究所「バイオリソースメタデータベース(JF1/Msf)」、〈https://knowledge.brc.riken.jp/resource/animal/card?brc_no=RBRC00639&__lang__=ja〉
- LibreTexts "Investigation: Rat Dissection"〈https://bio.libretexts.org/Bookshelves/Ancillary_Materials/Worksheets/Book:_The_Biology_Corner_(Worksheets)/Anatomy_Worksheets/Investigation:_Rat_Dissection〉
- Raymond Gudas『Gerbils』Barrons Educational Series Inc.
- Lolly Brown『Rats, Mice, and Dormice as Pets』Nrb Publishing
- Lorene Stockberger "The Mongolian Gerbil"〈https://lib.dr.iastate.edu/cgi/viewcontent.cgi?article=2877&context=iowastate_veterinarian〉
- Robert E.Schmidt(編著)、強矢治(訳)『エキゾチックアニマルシリーズ6 皮膚科学』メディカルサイエンス社、
- Ron E. Banksほか『Exotic Small Mammal Care and Husbandry』Wiley-Blackwell
- Stephanie Shulman『The Mouse』Howell Book House
- Zootierliste Homepage〈https://www.zootierliste.de/en/〉

写真提供・撮影・取材ご協力者

〈敬称略・順不同〉

写真ご提供・取材ご協力

発刊にあたり、アンケートへのご協力、写真ご提供、情報ご提供をしていただきました。心より感謝申し上げます。

ボースイ	チェブオレ	六花	サンバイザー	西岡千春
樋口朝妃	フレット	櫻葉	おもち	安居莉央
風太	わら	ユイナ	壱	櫻井花江
中村佑美子	沼田出穂	nie	五十嵐悠貴	まいこ
A家	さくらんぼ	Chelsea	セナ	さつき
柳田	れーこ	Abekimiko	ちばちば	大島典子
さゆり	momo	びっきぃこはん	飯田崇輔	井出幹子
Y&NapoLeon	萌里	しげ	とらぞー	森
ちゃろ	たぐち	はる	もん	ショコラ
KIYO	ぺたろー	田村	三國谷花	ネズミアンケートにお答えいただいた方々
しらたま	ゆづ	はやてん❤	紡木リリカ	
まひろ	高橋節子	MIOMORI	オカモト	

写真ご提供・ご協力

- 富山市ファミリーパーク
- 札幌市円山動物園
- 原啓義
- 株式会社三晃商会
- 株式会社ALLFORWAN
- ジェックス株式会社
- 株式会社マルカン
- 株式会社ファンタジーワールド
- 株式会社タニタ
- 株式会社みどり商会
- 株式会社リーフ(Leaf Corporation)
- 有限会社メディマル
- 株式会社こんぱにおんあにまるず
- フィード・ワン株式会社
- イースター株式会社
- 株式会社ユニコム
- 清水恵美子
- 鈴木理恵
- 三田村和紀
- 清水哲也

症例写真ご提供

- 三輪恭嗣(みわエキゾチック動物病院院長)

撮影ご協力

- 埼玉県こども動物自然公園
- ティファンの森
- ちゃん太(サウザン)
- ペットショップPROP http://pet-prop.com

PROFILE

【著者】大野 瑞絵 おおの・みずえ

東京生まれ。動物ライター。「動物をちゃんと飼う、ちゃんと飼えば動物は幸せ。動物が幸せになってはじめて飼い主さんも幸せ」をモットーに活動中。著書に『ザ・ネズミ』『デグー完全飼育』『ハリネズミ完全飼育』『新版よくわかるウサギの健康と病気』(以上小社刊)など多数。動物関連雑誌にも執筆。1級愛玩動物飼養管理士、ヒトと動物の関係学会会員。

【監修】三輪 恭嗣 みわ・やすつぐ

みわエキゾチック動物病院院長。宮崎大学獣医学科卒業後、東京大学附属動物医療センター(VMC)にて獣医外科医として研修。研修後アメリカ、ウィスコンシン大学とマイアミの専門病院でエキゾチック動物の獣医療を学ぶ。帰国後VMCでエキゾチック動物診療の責任者となる一方、2006年にみわエキゾチック動物病院開院。日本獣医エキゾチック動物学会会長。

【写真】井川 俊彦 いがわ・としひこ

東京生まれ。東京写真専門学校報道写真科卒業後、フリーカメラマンとなる。1級愛玩動物飼養管理士。犬や猫、うさぎ、ハムスター、小鳥などのコンパニオン・アニマルを撮り始めて30年以上。『新・うさぎの品種大図鑑』『デグー完全飼育』『ハリネズミ完全飼育』(以上小社刊)、『図鑑NEO どうぶつ・ペットシール』(小学館刊)など多数。

【デザイン／イラスト】Imperfect(竹口 太朗／平田 美咲)
【編集】前迫 明子

PERFECT PET OWNER'S GUIDES

最新の飼育管理と病気・生態・接し方がよくわかる

ネズミ完全飼育 マウス、ラット、スナネズミ

2021 年 3 月 15 日　発　行　　　　　　　　　　　　　　NDC489

著　者　　大野瑞絵

発行者　　小川雄一

発行所　　株式会社 誠文堂新光社

　　　　　〒 113-0033 東京都文京区本郷 3-3-11

　　　　　［編集］電話 03-5800-5776

　　　　　［販売］電話 03-5800-5780

　　　　　https://www.seibundo-shinkosha.net/

印刷・製本　図書印刷 株式会社

ISBN978-4-416-52118-2